安徽蝴蝶志

诸立新　刘子豪　虞　磊　欧永跃　著

顾问　吴孝兵　许雪峰　顾长明　徐海根
编委　诸立新　刘子豪　虞　磊　欧永跃
董　艳　倪　群　陈修平　方　杰
陈　众　孙　灏　马方舟　韩轶珂
何桂强

中国科学技术大学出版社

内 容 简 介

本书是作者经过二十多年的调查记录和整理撰写而成的一本原创性、学术性较强，兼具知识性、可读性的著作，是对安徽省蝶类区系的首次系统整理，内容十分丰富，填补了国内研究安徽省蝴蝶种类信息的空白，为研究安徽蝶类多样性及我国蝶类地理分布格局等提供了重要基础资料。

全书共7部分，绪论部分介绍了蝴蝶的分类地位、蝶类和蛾类的区别、蝴蝶的形态特征、蝴蝶的生活习性、安徽省蝴蝶概况等基础知识；后6部分按凤蝶科、粉蝶科、蛱蝶科、蚬蝶科、灰蝶科、弄蝶科分类，共记述了安徽蝴蝶150属304种，为每一种蝴蝶提供标本照片，介绍其发生期及分布情况，制作了每种蝴蝶在安徽的分布示意图，并配有大量的野外生态照片，展示了安徽省丰富的蝶类资源。

全书配有一千多幅标本图片和生态照片，内容丰富、鉴定准确、图文并茂，可读性、科普性和学术性俱佳，可为专业研究蝴蝶的人员提供参考，也可作为青少年认识和了解蝴蝶的科普读物，增强他们对生态环境保护和可持续发展的科学意识。

图书在版编目(CIP)数据

安徽蝴蝶志/诸立新等著．—合肥：中国科学技术大学出版社，2017.5
ISBN 978-7-312-04171-6

Ⅰ.安…　Ⅱ.诸…　Ⅲ.蝶—昆虫志—安徽　Ⅳ.Q969.420.8

中国版本图书馆CIP数据核字(2017)第048077号

出版　中国科学技术大学出版社
安徽省合肥市金寨路96号，230026
http://press.ustc.edu.cn
https://zgkxjsdxcbs.tmall.com
印刷　安徽联众印刷有限公司
发行　中国科学技术大学出版社
经销　全国新华书店
开本　787 mm×1092 mm　1/16
印张　28
字数　534千
版次　2017年5月第1版
印次　2017年5月第1次印刷
定价　298.00元

序

随着人们环境保护意识的增强，内容丰富、图文并茂的生物图书越来越受到欢迎。蝴蝶是人们最为熟悉和喜爱的一类昆虫，并以其绚丽的色彩、优美的舞姿，赢得了“会飞的花朵”“大自然的舞姬”等美誉。在众多生物中，蝴蝶被公认为是对气候变化最敏感的指示物种之一，以蝴蝶为题材的读物更容易被读者接受和传播，能够更好地起到普及昆虫知识、增强环保意识的积极作用。

安徽省位于华东腹地，是我国东部襟江近海的内陆省份，跨长江、淮河中下游。全省东西宽约450千米，南北长约570千米，总面积13.96万平方千米，约占全国陆地面积的1.45%。安徽省地势西南高、东北低，地形地貌南北迥异，复杂多样。长江、淮河横贯省境，将全省划分为淮北平原、江淮丘陵和皖南山区三大自然区域。全省植被的主要特征是：过渡性强、人为影响严重以及具有独特性。安徽植物的特有属、种较多，被列为重点保护的珍贵濒危植物就有31种。全省植物资源较为丰富，仅维管束植物就有三千多种，因此以植物为生的蝴蝶等昆虫资源也较为丰富。

滁州学院诸立新教授毕业于安徽师范大学，获得理学博士学位，一直从事蝴蝶的区系与分子系统学研究。他与安徽省内一批研究人员通过相关项目，对安徽省各个保护区以及代表性地区进行了二十多年的野外考察工作，基本上调查清楚了安徽省蝴蝶的区系情况，经过仔细整理和鉴定标本，撰写了《安徽蝴蝶志》一书。本书采用了当前国际较为流行的蝴蝶6科分类系统，描述了安徽省6科150属304种蝴蝶。不仅涵盖了安徽省较为常见的普通蝴蝶种类，也包含了一些数量极其稀少的种类，还有若干新纪录种，种类非常全面，因此也体现了项目执行过程中的艰苦付出和认真态度。

本书是对目前安徽省蝶类区系的全面系统整理,内容十分丰富,为研究安徽蝶类多样性及我国蝶类地理分布格局等提供了重要基础资料。同时,本书也为安徽省各保护区掌握本底资源、制定相应的保护措施提供了参考。因此,本书具有十分重要的学术价值和欣赏价值。

武春生

中国科学院动物研究所研究员

中国昆虫学会常务理事兼副秘书长

中国昆虫学会蝴蝶分会副理事长

2017年2月18日于北京

目　　录

2 粉蝶科 Pieridae

3 蛱蝶科 Nymphalidae

6 弄蝶科 Hesperiidae

绪　论

安徽省地处亚热带与暖温带的过渡区，大体位于北纬29°41′~34°38′，东经114°54′~119°37′，东西宽约450 km，南北长约570 km。安徽省北部一角与山东省相接，东部和东南与江苏省、浙江省相连，南部与江西省接壤，西部与河南、湖北两省接界，全省总面积13.96万km^2。安徽省西部和南部分别为丘陵、山地的集结之地，西部山地主峰白马尖海拔1 777 m，南部山地黄山海拔1 864.8 m，称雄华东。在中部有丘陵、台地横亘，组成长江和淮河的最东分水岭。在沿江地区，沿淮及淮北地区，则分别或为江河交织、湖泊星布的水网平原，或为极目无际的大平原。

蝴蝶是鳞翅目(Lepidoptera)昆虫，被誉为“会飞的花朵”，与人类的关系十分密切。多数蝴蝶对寄主的专一性较强，虽然它们有一定的迁飞能力，但是其分布仍以寄主为中心。因此，蝴蝶对环境的变化非常敏感，是生物多样性监测的重要指示物种。部分蝴蝶取食经济作物，它们常伴随人工种植的经济植物而出现，因此蝶类还可以反映出人类对环境的影响。近年来，随着经济的发展，蝴蝶作为观赏昆虫更加受到人们的重视，被人们视为宝贵的资源，并得到了一定的开发利用。

安徽省蝶类资源比较丰富，有许多珍贵蝶类，因此，不论从治理还是从保护利用来讲，对安徽省蝶类的系统研究均很有意义。作者自1994年以来，先后在安徽各地进行蝶类标本采集调查，这些调查点基本遍布安徽的每一个市县，对所采集的标本均做好采集记录。历经二十多年的采集调查，初步摸清了安徽省的蝴蝶资源状况。通过参考诸多文献资料，对所采集的大量蝴蝶标本进行整理鉴定和材料汇总，整理出安徽蝶类的名录，共计6科150属304种。由于人力有限，对安徽蝴蝶的调查还有所疏漏，仍有一些蝶类未能收入本书，有待于日后进一步的研究。本书对蝶类区系研究具有一定的参考价值，并为安徽省生物多样性监测和环境监测提供了基础资料，同时也能让广大爱好者更好地认识和了解安徽的蝴蝶，增强生态环境保护和可持续发展的科学意识，提高科学素养，促进生态文明。

0.1 蝴蝶的分类地位

传统意义上的蝴蝶一般是指节肢动物门(Arthropoda)昆虫纲(Insecta)鳞翅目(Lepidoptera)凤蝶总科(Papilionoidea)和弄蝶总科(Hesperioidea)所有物种的统称，是一个并系群。广义的蝶类还应包含分布于新热带区的喜蝶总科(Hedyloidea)，广义蝶类构成单系群，并且只是众多鳞翅目分支中的一个。

0.2 蝶类和蛾类的区别

习惯上人们把除去蝴蝶以外的鳞翅目昆虫称为蛾类，但蛾类是一个并系群的概念。下面按照习惯分法讨论蝶类(不含喜蝶)与蛾类的区别。

(1) 蝶类相对来说，通常身体纤细，翅较阔大，有美丽的色泽；蛾类通常身体短粗，翅相对狭小，一般色泽不够鲜艳。

(2) 蝶类触角多为棒状或锤状；蛾类触角较多样，有栉状、丝状、羽毛状等。

(3) 绝大多数蝶类在白天活动(*Morphopsis* 属除外)；蛾类多在晚上活动。

(4) 蝶类静止时通常双翅竖立于背上或不停扇动；蛾类静止时通常双翅平叠于背上或放置在身体两侧。

(5) 蝶类前后翅一般没有特殊的连接构造(*Euschemon rafflesia* 除外)，飞行时后翅肩区直接贴在前翅下，以保持动作的一致；蛾类前后翅通常具有特殊的连接构造——"翅轭"或"翅缰"，飞行时使前后翅联系。

0.3 蝴蝶的形态特征

蝴蝶大多数体形属于中型至大型，翅展在15~260 mm之间，有2对膜质的翅。体躯长圆柱形，分为头、胸、腹三部分。体及翅膜上覆有鳞片及毛，形成各种色彩斑纹。

0.3.1 头部

身体的最前部，呈圆球形或半球形，着生感觉及取食器官。

复眼 1对，较发达，位于头部两侧，由上万个六角形小眼组成。

触角 复眼间有1对，由若干小节连成，棍棒状，末端膨大成球形或呈钩状。

口器 着生在头的腹方，为下口式，上唇和上颚退化；下唇片状，有1对3节的须，常用作分类的特征；左右两下颚端部特化成螺旋状喙管。

0.3.2 胸部

位于头部后方，由前胸、中胸和后胸三胸节组成，紧密愈合。前胸小，腹面足1对。中胸最发达，背侧各有1对翅，腹面足1对。后胸背侧各有1对翅，腹面足1对。

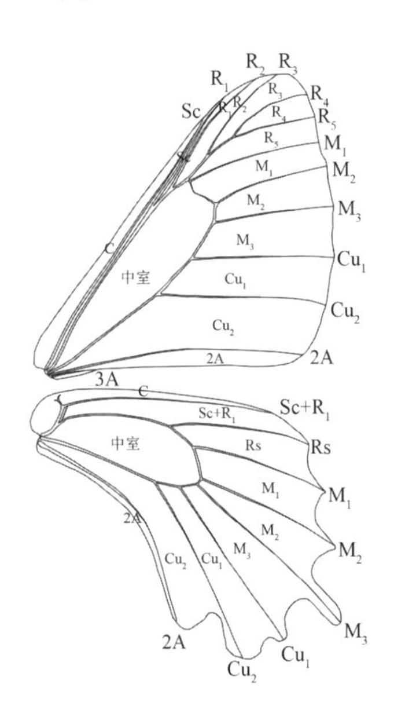

翅 2对，布满鳞片，前翅较后翅大。通常为三角形，有明显的3个角（即基角、顶角和内角（或臀角））和3个边（即前缘、外缘和内缘（或后缘））。翅脉起着骨干作用，蝴蝶有多数的纵脉（主脉）和少数的横脉。前后翅脉纹的分布（称为脉序），科、属间明显不同，有重要的分类价值。本书中翅脉和翅室均采用Comstock-Needham命名系统进行描述，如左图所示。

足 共3对，着生在每一胸节的下侧，分别为前足、中足和后足。足也是蝴蝶分类的重要特征之一，有的种类的前足短细而未完全发育，没有步行的作用，平时缩在前胸下，看起来似乎只有2对足；其跗节有时皱缩成球形，有时变成刷状，有时只有1节而无爪。有的种类雄蝶则只有1跗节及1爪。

0.3.3 腹部及外生殖器

位于胸部后，由9~10节组成，能够自由伸缩或弯曲。全部内脏器官都包藏在腹部内。末端数节称为生殖节，蝴蝶的外生殖器着生在那里。

外生殖器分为雌性外生殖器和雄性外生殖器两种，各种类的生殖器的特征有差异，是分类学上鉴定物种的重要依据。

0.4 蝴蝶的生活习性

蝴蝶是完全变态类,它们的一生要经过卵、幼虫、蛹、成虫(蝴蝶)4个时期。

0.4.1 卵

卵是蝴蝶新一代生命的开始,常单个地产在寄主植物上,用黏液黏附在枝叶上,很少成堆产在一起。卵的形状因种类不同而各异。凤蝶科的卵多是圆球形或半球形,表面光滑,无明显的脊线或皱纹;粉蝶科的卵呈塔形或炮弹形,高约为宽的2倍,有隆起的纵脊线和横格线;蛱蝶科的卵多呈甜瓜形,一端或两端略平,有明显的脊线;灰蝶科的卵扁,盘状,轮廓圆形,表面有很多凹陷;弄蝶科的卵形多变化,有盘形、半球形或球形等几种。

0.4.2 幼虫

幼虫是蝴蝶的取食和生长时期,初出卵壳的幼虫做的第一件事,就是吃去它赖以生存、孵它出来的卵壳,可能卵壳的成分为其生长所必需的。随后取食寄主植物的叶,并迅速长大。少数种类的幼虫以蚜虫等昆虫为食。身体大致呈圆柱形,由头部及13个体节组成。蝴蝶幼虫一般蜕皮4次,就是经过5个龄期。当幼虫完成其取食、生长任务之后,即选择地点,吐丝固定它的身体,开始蜕皮化蛹。

0.4.3 蛹

蛹是蝴蝶的转变时期。蝴蝶的蛹为被蛹,即蛹的触角、翅(通常叫翅函)和足的芽体都包在透明的包被中。了解蛹的形状、突起、触角芽、翅函、足芽长度的比例和臀棘、钩状毛的情况,对鉴别蝶蛹的种类具有价值。

蝴蝶化蛹一般在敞开的环境中。凤蝶和粉蝶以腹部末端的臀棘及丝垫附着于植物上,又在腰部缠上一圈丝带,使身体呈直立状态,叫做缢蛹。蛱蝶则只利用腹部末端的臀棘和丝垫把身体倒挂起来,称为悬蛹。弄蝶则多在化蛹前结成丝质薄茧,以保护自己。化蛹多在树枝上、树叶下、岩石下、土块下或卷叶中等隐蔽处。有些眼蝶则在土壤中做室化蛹,以度过其一生最危险的时期和不利的季节。在完成内部改造以后,蝴蝶就蜕去蛹壳,变为成虫。这次蜕皮,称为羽化。

0.4.4 成虫

蝴蝶利用血压挤破蛹壳胸部的背中线，伸出头和前足，然后整个身体随之而出。刚出来时翅函柔软而皱缩，不久体液灌进翅函，翅函逐渐展开，变成薄大而上下两面愈合的翅，气管形成翅脉，色彩和斑纹同时出现。这时，翅内的液体返回体内，蝴蝶身体顿时变得修长优雅。再过一两个小时，翅膜及鳞片变得干燥，蝴蝶即能振翅飞行。

1. 活动

蝴蝶是昼出性昆虫，其活动都在白天。飞行姿态和速度因种而异。有的平直前进，有的上下跳舞，有的曲线前进，也有高空盘旋及做滑翔飞行的。青凤蝶的有些种类能直升云霄，直到人眼望不见的高度。弄蝶、一些蛱蝶和凤蝶飞行速度较快，粉蝶飞行速度中等，眼蝶、环蝶飞行速度较慢。另外，蝴蝶的活动还随着阳光、环境温度的变化而改变，当天气晴朗时，活动频繁；当阳光被云遮住时，蝴蝶便立即停止活动。但眼蝶、弄蝶在傍晚也有活动。

2. 取食

成虫以虹吸式口器吸食花蜜、果汁、树液、糖饴或发酵物，也有吸食溪边或苔藓上的清水、鸟兽粪便液及动物尸体体液的。种类不同，摄食习性亦异。

3. 交配

成虫由于生活习性不同，外生殖器结构也不同，保证了不同种类不相杂交。蝴蝶交配前，大多要经过一段求婚飞行的过程，有些种类的婚飞要有很大的空间，这是人工饲养蝴蝶时不易解决的一个难题。

4. 产卵

蝴蝶雌虫交配后在寄主植物上一个一个地散产卵粒，只有个别种类将卵产在寄主植物附近。成虫产卵量一般为50~200粒，当能够获得丰富的补充营养时，产卵量增加；当营养不足时，则产卵量减少。

0.4.5 寿命与生活周期

一般所说的蝴蝶的寿命是指蝴蝶的成虫从羽化到死亡的时间。这时间有长有短，有的可达数月，当年夏末秋初羽化的蝴蝶，第二年春季产卵后才死去（如喙蝶);短的只有几个星期。

很多蝴蝶一年只有一个世代,但也有不少蝴蝶一年可以完成两个或三个以上的世代(分别称为第一、第二、第三代,以此类推),其成虫在春季出现的称为春季世代,在夏季出现的为夏季世代,一般春季世代身体较小。有的种类在南方可以发生10代左右,那就无法用季节来区分代数了。

0.5 安徽省蝴蝶概况

0.5.1 安徽地理概况

安徽位于华东腹地,是我国东部襟江近海的内陆省份,面积居华东第三位,全国第22位。全省地势西南高、东北低,地形地貌南北迥异,复杂多样。长江、淮河横贯省境,分别流经该省长达416 km和430 km,将全省划分为淮北平原、江淮丘陵和皖南山区三大自然区域。淮河以北,地势坦荡辽阔,为华北平原的一部分;江淮之间西耸崇山,东绵丘陵,山地岗丘逶迤曲折;长江两岸地势低平,河湖交错,平畴沃野,属于长江中下游平原;皖南山区层峦叠峰,峰奇岭峻,以山地丘陵为主。境内主要山脉有大别山、黄山、九华山、天柱山,最高峰黄山莲花峰海拔1 864.8 m。全省共有河流2 000多条,湖泊110多个,著名的有长江、淮河、新安江和全国五大淡水湖之一的巢湖。

安徽属季风气候,大致以淮河为界。北部属暖温带半湿润季风气候,南部属亚热带湿润季风气候。气候特点主要是:季风明显、四季分明、气候温和、雨量适中、梅雨显著。表现出明显的过渡性特征。全省年平均气温14~16 ℃,南北相差2 ℃左右;年平均日照1 800~2 500 h,平均无霜期200~250天,平均降水量800~1 600 mm。

0.5.2 安徽蝴蝶地带性分布

安徽省的植被在淮河以北属暖温带落叶阔叶林带,淮河以南属北亚热带落叶阔叶与常绿阔叶混交林带,在皖南有常绿阔叶林的存在。该省植被的主要特征是:过渡性强,人为影响严重以及具有独特性。安徽植被特有属、种较多,如永瓣藤、琅琊榆、醉翁榆、黄山五叶参、黄山乌头、小赤车等被列为重点保护的珍贵濒危植物的即有31种。全省植物资源较为丰富,仅维管束植物即有三千多种,因此以植物为生的蝴蝶等昆虫资源也较为丰富。

安徽蝴蝶的区系是与植被类型和自然景观紧密联系在一起的,根据不同地区的气候、植被和蝴蝶分布的情况,可以把安徽分为4个蝶类分布地带,分别为淮北平原蝴蝶区、江淮丘陵蝴蝶区、大别山蝴蝶区、皖南蝴蝶区。

1. 淮北平原蝴蝶区

该区的地带性植被为落叶阔叶林,并有一些针叶林及针叶阔叶混交林。由于是我国古老的农业区之一,绝大部分地区的自然植被已不复存在,只在宿州、淮北一带的丘陵地区才有典型的落叶林保存。常见树种有:栓皮栎、麻栎、槲树等。农业植被主要为小麦、大豆、玉米、高粱、山芋、棉花等,水稻仅在沿淮地区有一些。人工林主要为侧柏、泡桐、白杨等,果树以梨、苹果为主,桃、柿、枣、葡萄、石榴零星或局部种植。该区农业发达,蝴蝶资源贫乏,主要是一些在安徽广布的种类,也有少量特有的北方种类,计有六十多种,代表种有:中华麝凤蝶 *Byasa confusus*、菜粉蝶 *Pieris rapae*、东亚豆粉蝶 *Colias poliographus*、斗毛眼蝶 *Lasiommata deidamia*、小红蛱蝶 *Vanessa cardui*、大红蛱蝶 *Vanessa indica*、黄钩蛱蝶 *Polygonia c-aureum*、蓝灰蝶 *Everes argiades*、红珠豆灰蝶 *Plebejus argyrognomon*、直纹稻弄蝶 *Parnara guttata* 等。

2. 江淮丘陵蝴蝶区

该区的地带性植被以落叶树种为主,并有少量的常绿阔叶种类以及落叶阔叶与常绿阔叶混交林。常见的树种有麻栎、栓皮栎、黄檀、三角枫、黄连木、化香、狭叶山胡椒等。常绿灌木如小叶女贞、胡颓子、竹叶椒等较常见。南部耐寒的常绿壳斗科植物如青冈栎等也有出现。马尾松林在区内植物类型中占显著地位。农业植被具有明显的过渡性,历史上长期为水稻、小麦、杂粮区。果树有桃、李、柿、枣、葡萄、樱桃等。该区地处江淮分水岭,具有明显的过渡性,蝴蝶成分复杂,计有八十多种,代表种有:中华虎凤蝶 *Luehdorfia chinensis*、中华麝凤蝶 *Byasa confusus*、蓝凤蝶 *Papilio protenor*、华东黑纹粉蝶 *Pieris latouchei*、橙翅襟粉蝶 *Anthocharis bambusarum*、黄尖襟粉蝶 *Anthocharis scolymus*、乱云矍眼蝶 *Ypthima megalomma*、东亚燕灰蝶 *Rapala micans*、优秀洒灰蝶 *Satyrium eximia*、深山珠弄蝶 *Erynnis montanus*、河伯锷弄蝶 *Aeromachus inachus* 等。

3. 大别山蝴蝶区

该区北部的地带性植被为落叶阔叶与常绿阔叶混交林,以落叶阔叶树种为

主。栓皮栎、麻栎、茅栗在混交林中占绝对优势。常绿阔叶树种所占比例较小，只有耐寒的青冈栎、苦槠、石栎、冬青、紫楠等。本区南部的地带性植被类型为常绿阔叶林，如青冈栎、苦槠、石栎、甜槠、樟树、紫楠、天竺桂、厚皮香、大叶冬青等。落叶阔叶与常绿阔叶混交林占有一定的面积。有明显的垂直分带现象，在海拔800 m以下为落叶阔叶与常绿阔叶混交林带；800~1 100 m处为山地落叶阔叶林带；1 100 m以上为山地矮林灌丛，局部为草地。针叶林占很大面积，马尾松、杉木、黄山松往往成大面积纯林。农业植被比例较小。该区蝶类较为丰富，计有120种左右，代表种有：长尾麝凤蝶 *Byasa impediens*、金裳凤蝶 *Troides aeacus*、连纹黛眼蝶 *Lethe syrcis*、黑荫眼蝶 *Neope serica*、绿豹蛱蝶 *Argynnis paphia*、翠蓝眼蛱蝶 *Junonia orithya*、苎麻珍蝶 *Acraea issoria*、大紫蛱蝶 *Sasakia charonda*、尖翅银灰蝶 *Curetis acuta*、生灰蝶 *Sinthusa chandrana*、姜弄蝶 *Udaspes folus*、隐纹谷弄蝶 *Pelopidas mathias* 等。

4. 皖南蝴蝶区

该区的地带性植被类型为中亚热带常绿阔叶林带，常绿阔叶树种较多，有青冈栎、小叶青冈栎、青栲、苦槠、石栎、甜槠、樟树、紫楠、华东楠、厚皮香、木荷等。落叶阔叶与常绿阔叶混交林仍占很大面积。垂直分带现象十分明显，但与大别山的相比，同一垂直带的海拔高度明显有所升高。间有常绿阔叶和落叶阔叶混交林的上限则达1 500 m。以黄山栎为主的山地矮林和灌丛通常分布在1 400 m以上。此外，针叶林占较大比重。农业植被比重也大于大别山区，并以水稻、玉米等为主，经济林、果林的种类较多。本区是安徽省蝴蝶种类最丰富的区域，计有240种左右，代表种有：宽尾凤蝶 *Agehana elwesi*、宽带青凤蝶 *Graphium cloanthus*、美凤蝶 *Papilio memnon*、白带螯蛱蝶 *Charaxes bernardus*、布莱荫眼蝶 *Neope bremeri*、蓝斑丽眼蝶 *Mandarinia regalis*、箭环蝶 *Stichophthalma howqua*、白带褐蚬蝶 *Abisara fylloides*、黑弄蝶 *Daimio tethys*、莎菲彩灰蝶 *Heliophorus saphir*、冷灰蝶 *Ravenna nivea*、绿弄蝶 *Choaspes benjaminii*、黎氏刺胫弄蝶 *Baoris leechii* 等。

0.5.3 蝴蝶生物多样性保护和蝴蝶资源的可持续利用

安徽省蝴蝶的调查已经进行了一定的工作。自1998年陈镈尧报道黄山蝴蝶有10科106种以来，许雪峰、王松、王翠莲、欧永跃、邢济春、虞磊、刘子豪、诸立新等对安徽各地蝴蝶分别进行了报道，在此基础上我们对安徽蝴蝶进行了全面的调查和整理，基本完成了安徽省蝶类的调查工作，为蝴蝶资源的保护和对物种多样性变化进行监测提供了基础资料。

加强蝴蝶资源的保护，首先要引起各级政府对蝶类资源保护的重视，将蝶类资源保护作为绿色生态建设的重要组成部分。特别应重点保护珍稀蝶类和珍稀蝶类的寄主植物。如中华虎凤蝶(国家二级保护动物)、宽尾凤蝶、枯叶蛱蝶、金裳凤蝶、冰清绢蝶等。这些蝴蝶一般在昆虫学研究中有特殊的研究价值，同时具有独特的外观形态以及较高的观赏价值，这些蝴蝶往往数量也较少。

其次要加强对蝴蝶栖息地的保护，栖息地的破坏通常造成蝶类种数、数量的减少和一些种类的消亡。很多美丽的蝴蝶并不一定珍稀，它们的种群数量往往很大，如麝凤蝶、蓝凤蝶、碧凤蝶、玉带凤蝶、青凤蝶等，而栖息地的保护有利于对蝴蝶资源的保护。

蝴蝶资源的利用分为两个阶段：直观利用阶段和动态综合利用阶段。我国目前对蝴蝶的利用还主要处在直观利用阶段，即直接利用虫体入药或做工艺品。今后应开展对蝴蝶工艺品精细加工的研究，进行人工饲养研究，解决蝴蝶产业化的关键问题，尽快向产业化发展，以此可以提高贫困山区的经济收入。逐步加强动态资源的研究，开发以蝴蝶为主题的生态旅游景观，挖掘蝴蝶资源的潜在价值。在安徽省的皖南山区和大别山区，作者曾经多次观察到大量蝴蝶在蝶道集群飞舞、吸水的现象，非常具有观赏性，如果加以保护和进行一定的人工招引，将具有很高的旅游开发价值。

0.6 本书撰写说明

1. 蝴蝶高阶分类

随着分类学理论的发展和人们对鳞翅目认识的深入，蝴蝶的高阶分类也在不断地调整和完善。以往国内书中多采用基于传统的形态分类方法得到的分类系统，将蝴蝶分为5~17科，不同学者的观点之间常常有较大分歧。现代分类学采用支序系统学和分子系统学方法进行重建，能够很好地反映物种之间的亲缘关系，应用该方法得到的分类系统为国际上主流学者所采用，本书即采用最新的分类系统。在新的分类系统中，蚬蝶科过去存在较大争议，但最近的一些分子研究均表明其与灰蝶科是姐妹群关系，支持其科级地位(Heikkilä et al., 2012; Espeland et al.,2015)，在本书中亦视其为独立的科。

2. 蝴蝶名称

蝴蝶的学名同其他动植物一样使用双名法。1758年,林奈在《自然系统》第十版中首次将双名法应用于动物命名。为了对动物的命名进行严格的规范,于1905年正式出版了《国际动物命名法规》,至今又先后修订了三次。双名法即采用两个拉丁字作为一种生物的学名,第一个字为属名,第二个字为种名,通常在学名后再加上该物种的命名者,以及发表年代。如果一个种被移至别的属,原著者和发表日期应用括号括起来,表示经过了修订,但是修订者和修订日期不予列出。

蝴蝶的中文命名则没有专门的法规进行约束,《中国蝶类志》一书记述了国内一半以上的蝴蝶种类,其中文名系统已流行多年并被人们广泛使用。本书中也基本采用其中文名系统,对一些分类地位发生变化的种类名称进行了调整或替换,并对个别暂无中文名称的种类进行了拟定。

3. 种类描述

书中对每种蝴蝶的形态特征以及近似种的鉴别方法进行了详细的描述,对于雌雄异型现象和不同季节型、生态型则分别进行阐述。此外,对部分种类的习性、越冬形态以及寄主也进行了介绍。每种蝴蝶均配有标本照片,大部分种类配有生态照片。个别种类在调查过程中没有采集到标本,使用了同行提供的标本或照片,均在文中注明,在此向他们表示感谢。标本照旁附有原长度为10 mm的标尺作为参照(成书过程中,对部分图片和原标尺进行了等比例的放大或缩小),读者可根据标尺计算出标本的实际大小。

4. 分布地图

书中所记录的分布地和绘制的分布地图是依据作者二十多年来的采集和调查结果,并参考了部分可靠文献中的记载得到的,这些调查点基本遍布安徽的每一个市和主要县区,如下图所示,图中标注红色的为重点调查地,在主要发生季节进行过多次调查采集。一些省内蝶类资源调查文献中存在很多误鉴的现象,往往仅提供名录而没有标本图示,对于这些文献中有记载而我们调查中没有发现的种类,均未收入本书。由于环境变化和栖息地的破坏,一些蝴蝶的分布地呈现破碎化,在有些地方的种群数量则十分稀少,不利于调查;也有一些适应性强、活动范围广的种类,随气候变化和寄主植物的迁移往往能在新的地方定居下来,因而其分布范围不断扩大,如几种青凤蝶;另有部分种类具有很强的迁飞能力,在其活动区域内并没有固定的种群,如几种斑蝶。最后,由于人力有限,采集地难以覆盖全面,各个产地的调查也难免存在疏漏,书中分布地图仅为现阶段的结果,有待以后逐渐完善。

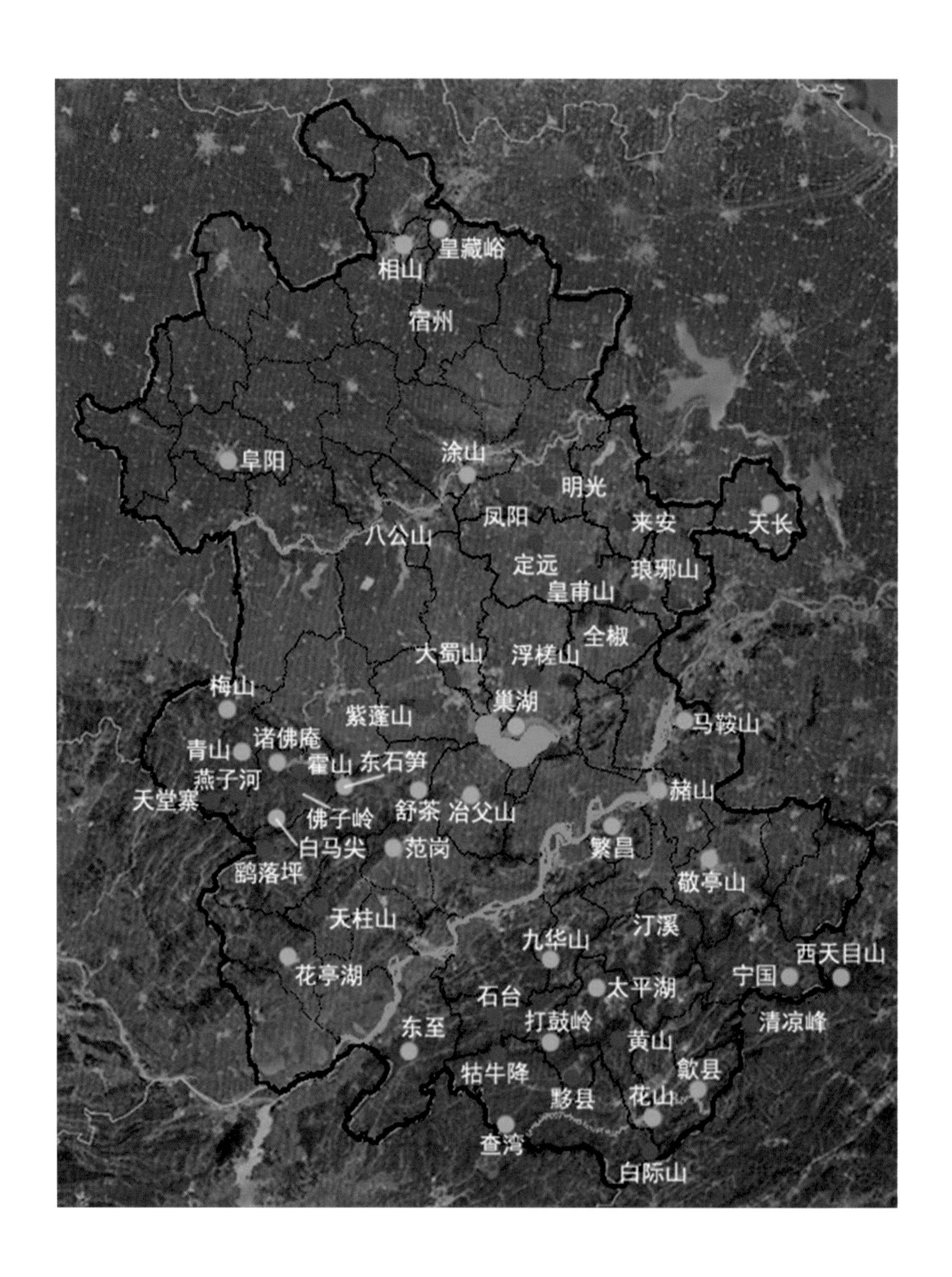

皇藏峪
相山
宿州
涂山
阜阳
明光
凤阳
来安
天长
八公山
定远
琅琊山
皇甫山
全椒
大蜀山
浮槎山
梅山
巢湖
紫蓬山
马鞍山
诸佛庵
青山
霍山
东石笋
燕子河
天堂寨
赭山
佛子岭
舒茶
冶父山
繁昌
白马尖
范岗
鹞落坪
敬亭山
天柱山
汀溪
九华山
西天目山
宁国
花亭湖
石台
太平湖
清凉峰
东至
打鼓岭
黄山
歙县
牯牛降
黟县
花山
查湾
白际山

1 凤蝶科 Papilionidae

凤蝶亚科 Papilioninae

绢蝶亚科 Parnassiinae

除美洲分布的宝凤蝶亚科外，凤蝶科主要包括凤蝶亚科和绢蝶亚科。

凤蝶亚科的成虫多为一些大型或中型种类，色彩鲜艳，底色多黑、黄或白，有蓝、绿、红等颜色的斑纹。下唇须喙管及触角发达，后者向端部逐渐加大。前足正常；爪1对，下缘平滑不分叉。前、后翅三角形，中室闭式；前翅R脉5条，A脉2条，通常有1条臀横脉(cu-a)；后翅只有1条A脉，肩角有一钩状的肩脉(h)生在亚缘室上，多数种类M_3脉常延伸成尾突，也有的种类无尾突或有2条以上的尾突。大多数种类雌雄的体形、大小与颜色相同；雄的常有绒毛或特殊的鳞分布在后翅内缘的褶内；也有因季节不同而呈现差异；更有某些种类雌性有多型，造成鉴别上的困难。多在阳光下活动，飞行在丛林、园圃间，行动迅速。卵近圆球形，表面光滑，或有微小而不明显的皱纹；多产在寄主植物上；散产，也有多个产在一起的。幼虫粗壮，后胸节最大，体多光滑，有些种类有肉刺或长毛；体色因龄期而有变化，初龄多暗色，拟似鸟粪，老龄常为绿、黄色，有红、蓝、黑斑而呈警戒色；受惊时从前胸前缘中央能翻出红色或黄色Y形或V形臭角，散发出不愉快的气味以御敌。蛹为缢蛹，表面粗糙，头端二分叉，中胸背板中央隆起，喙到达翅芽的末端，以蛹越冬，化蛹地点在植物的枝干上。寄主主要是芸香科(Rutaceae)、樟科(Lauraceae)、伞形花科(Umbelliferae)及马兜铃科(Aristolochiaceae)。其中有多种取食柑橘(*Citrus reticulata* Blanco)。

绢蝶亚科成虫多数为中等大小，白色或蜡黄色。触角短，端部膨大成棒状；下唇须短；体被密毛。翅近圆形，翅面鳞片稀少(鳞片种子状)，半透明，有黑色、红色或黄色的斑纹，斑纹多呈环状。前翅R脉4条，A脉2条；后翅A脉1条。雌性腹部末端在交配后产生各种形状的角质臀袋，以避免再次交配。本亚科种类多产于高山上，耐寒力强，有的在雪线上下紧贴地面飞行，行动缓慢，容易捕捉。仅少数种类分布在低海拔的山顶。除少数种类外均每年1代。卵圆形或扁圆形，表面有细的凹点。幼虫有臭角，体色暗，有明显的淡色带纹或红斑。蛹多有薄茧，体短，圆柱形，前后两端不尖出而圆钝，表面光滑无突起。多在地面砂砾的缝隙中化蛹。寄主主要为景天科(Crassulaceae)及罂粟科(Papaveraceae)的紫堇(*Corydalis edulis*)、延胡索(*Corydalis yanhusuo*)等。

1.1 凤蝶亚科 Papilioninae

1.1.1 裳凤蝶属 *Troides* Hübner, [1819]

1. 金裳凤蝶 *Troides aeacus* (Felder et Felder, 1860)

为中国最大的蝴蝶，翅展达125~170 mm。体黑色，头颈部及胸部外侧有红毛，腹部背面黑色节间黄色，腹面黄色。前翅黑色有天鹅绒光泽，后翅金黄色，有黑色外缘或亚外缘斑，翅脉黑色。与裳凤蝶的区别在于雄蝶正面后翅亚外缘黑斑向内有黑色鳞片形成的晕斑；雌蝶后翅亚外缘黑斑呈长楔形，且不与外缘黑斑相连。5~8月发生，雄蝶喜在高处翱翔，雌蝶喜访花，一年发生2代，以蛹越冬。

寄主：管花马兜铃（*Aristolochia tubiflora*）等植物。

分布：淮河以南各市。

1.1.2 麝凤蝶属 *Byasa* Moore,1882

2. 中华麝凤蝶 *Byasa confusus* (Rothschild, 1895)

安徽分布的为 ssp. *mansonensis* (Fruhstorfer, 1901)。广泛分布于我国华北、华东、华中、华南和西南,原作为麝凤蝶*Byasa alcinous*的亚种,因生殖器有显著差异故提升为种(Wu, 2001),而麝凤蝶则分布在东北。雄蝶正面黑色具天鹅绒光泽,后翅内缘褶皱内有黑色性标,反面黑色,后翅亚外缘及臀角有7枚紫红色斑,靠近前缘的第七枚斑很小;雌蝶正面浅土黄色,各室有深灰色条纹,后翅外缘及尾突灰黑色,反面同雄蝶。成虫飞行缓慢,常滑翔,喜访花,以蛹越冬。

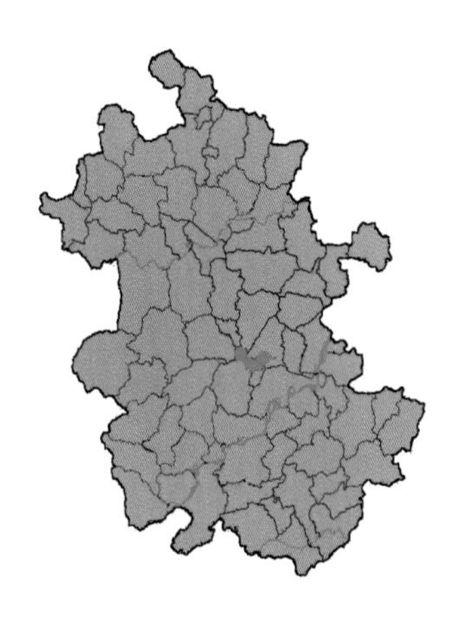

寄主:寻骨风(*Aristolochia mollissima*)等植物。

分布:全省广布。

3. 灰绒麝凤蝶 *Byasa mencius* (Felder et Felder, 1862)

个体通常比中华麝凤蝶大，尾突更长。雄蝶翅灰黑色，后翅亚外缘及臀角有6~7枚紫红色斑，除靠近前缘的第七枚经常消失外，其他6枚都较发达，其中4枚呈新月形，后翅正面内缘褶皱内为灰白色；雌蝶个体较雄蝶大，正面浅灰色，紫红色斑更为大而明显，以蛹越冬。

寄主：马兜铃（*Aristolochia debilis*）等植物。

分布：全省广布。

4. 长尾麝凤蝶 *Byasa impediens* (Rothschild, 1895)

本种产于大陆的亚种，与灰绒麝凤蝶极为相似，除解剖生殖器外，可靠的鉴别方法是雄蝶内缘褶皱内黑色和白色各占一半，而非全为白色，以蛹越冬。

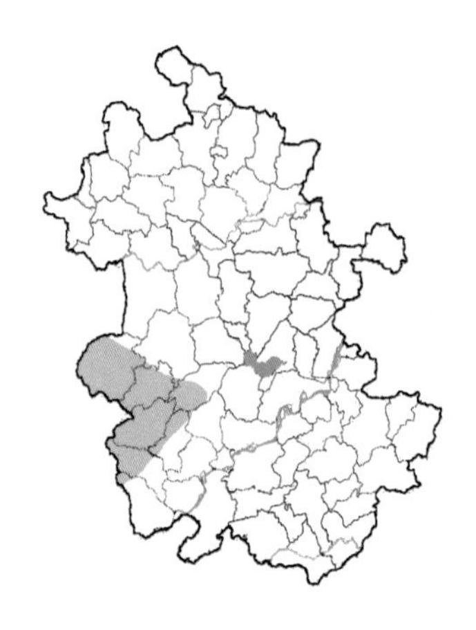

寄主：管花马兜铃(*Aristolochia tubiflora*)等植物。

分布：安庆。

1.1.3 珠凤蝶属 *Pachliopta* Reakirt,1864

5. 红珠凤蝶 *Pachliopta aristolochiae* (Fabricius, 1775)

体黑色，头颈部有红毛，腹部腹面红色。前翅灰色，外缘及翅脉黑色，各室有黑色条纹。后翅黑色，正面亚外缘有不明显的弯月形暗红色斑，反面亚外缘有紫红色圆斑，中域有数枚白斑，尾突较圆，以蛹越冬。

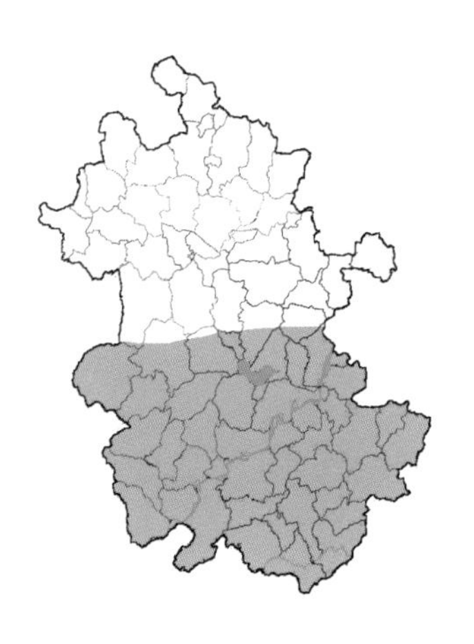

寄主：马兜铃（*Aristolochia debilis*）等植物。

分布：六安、安庆、合肥、芜湖、马鞍山及长江以南各市。

1.1.4 斑凤蝶属 *Chilasa* Moore, 1881

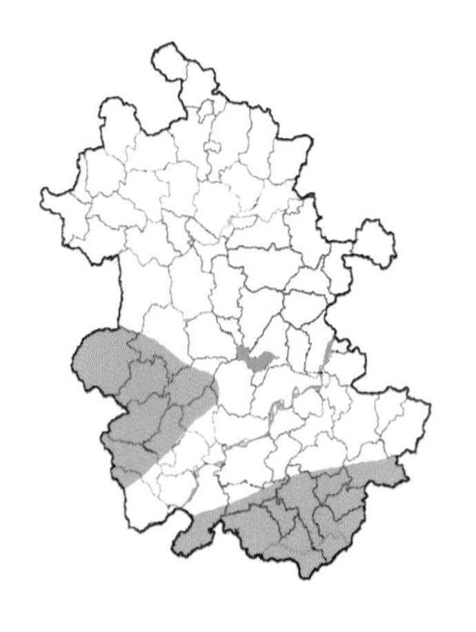

6. 小黑斑凤蝶 *Chilasa epycides* Hewitson, [1864]

体黑色,有白点。翅黄白色或灰色,翅脉附近黑色,中室内有黑色条纹,翅外缘及亚外缘有黑色带,后翅臀角有橙色斑。无尾突。一年仅春季发生一代,成虫飞行缓慢,常访花、吸水,以蛹越冬。

寄主:樟(*Cinnamomum camphora*)等植物。

分布:六安、安庆、池州、黄山、宣城。

1.1.5 凤蝶属 *Papilio* Linnaeus, 1758

7. 玉带凤蝶 *Papilio polytes* Linnaeus, 1758

体黑色,有白点。雌雄异型。雄蝶翅黑色,前翅外缘及后翅中域有1列白斑,后翅正面臀角处有蓝色鳞,反面亚外缘有1列淡黄色斑点。雌蝶多型,常见的型前翅浅灰色,翅脉黑色,各翅室有黑色条纹,翅基部及外缘黑色,后翅黑色,中域有2~5枚白斑,臀区有条形红斑,亚外缘有新月形红斑。有的型后翅白斑为带状,模拟雄蝶;有的型则后翅无白斑。最常见的凤蝶之一,绿化较好的城市里也可以见到,成虫喜访花,以蛹越冬。

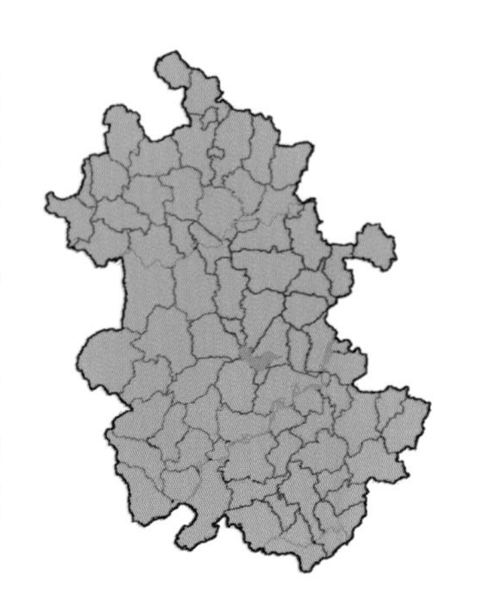

寄主:柑橘属(*Citrus* spp.)的多种植物。

分布:全省广布。

8. 蓝凤蝶 *Papilio protenor* Cramer, [1775]

体黑色，翅黑色有大鹅绒光泽，后翅反面外缘上部和靠近臀角的地方有3枚新月形红斑，臀角有1枚环状红斑。指名亚种无尾突。雌雄异型，雄蝶后翅正面前缘有1枚白色长斑，雌蝶后翅正面中部有较多的蓝绿色鳞，以蛹越冬。

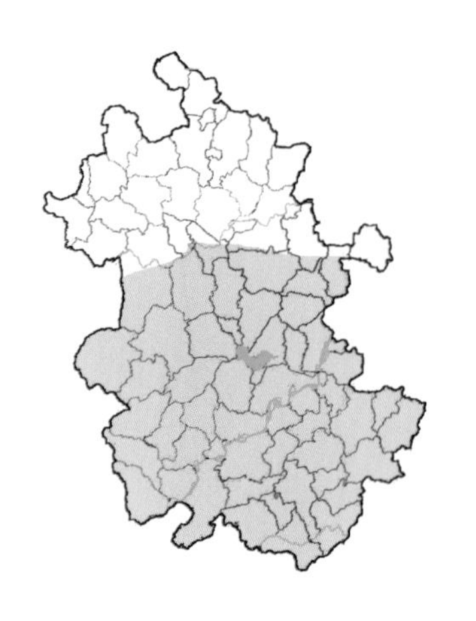

寄主：芸香科（Rutaceae）的柑橘（*Citrus reticulata*）、竹叶椒（*Zanthoxylum armatum*）等植物。

分布：淮河以南各市。

9. 美姝凤蝶 *Papilio macilentus* Janson, 1877

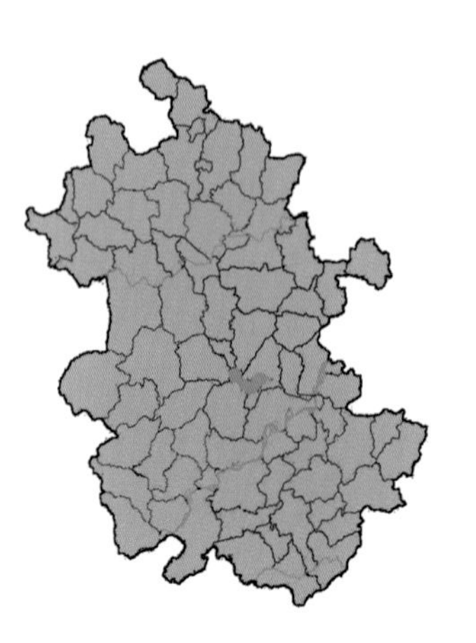

翅型狭长，具较长的尾突，后翅反面外缘及亚外缘有新月形或飞鸟形的红斑，臀角有环状红斑。雌雄异型，雄蝶翅黑色，后翅正面前缘有1枚白色长斑；雌蝶翅灰色，前翅沿翅脉和各翅室有黑色条纹。春型个体较小，成虫飞行缓慢，喜访花、吸水，以蛹越冬。

寄主：枳（*Poncirus trifoliata*）、花椒属（*Zanthoxylum* spp.）等植物。

分布：全省广布，但数量不多。

10. 玉斑凤蝶 ***Papilio helenus*** **Linnaeus, 1758**

翅黑色,较阔,前翅顶角略突出。后翅前缘及中域有相连的3枚白斑,反面亚外缘有新月形红斑,靠近臀角处有2枚环形红斑,以蛹越冬。

寄主:柑橘属(*Citrus* spp.)的多种植物。

分布:安庆、池州、黄山、宣城。

11. 美凤蝶 *Papilio memnon* Linnaeus, 1758

雌雄异型。雄蝶无尾突，翅黑色，正面各翅室中部有深色条纹，分布蓝色鳞片，反面前后翅基部有红斑，后翅臀角有环状红斑。雌蝶具多型，前翅浅灰色，外缘和翅脉黑色，各翅室中部有黑色条纹，翅基部黑色，中室基部红色，后翅中域有多枚白斑，有尾型中室端有1枚白斑，无尾型后翅白斑较长，但中室内无白斑。后翅反面基部有4枚红斑，其余同正面。雌蝶中偶尔还会出现斑纹模仿雄蝶的个体，后翅白斑消失代以蓝色鳞片。成虫喜访花，雄蝶飞行力很强，雌蝶飞行较缓慢，常滑翔，以蛹越冬。

寄主：柑橘（*Citrus reticulata*）等植物。

分布：黄山。

12. 柑橘凤蝶 *Papilio xuthus* Linnaeus, 1767

体黑色,体侧、腹部腹面黄白色。翅白色偏绿或偏黄,各翅脉附近形成黑色条纹,翅外缘和亚外缘有2条黑带,并在亚外缘形成1列淡色新月形斑。前翅中室内有数条放射装黑线,R_4及R_5室内有2枚黑点,Cu_2室有1条从基部伸出的纵带,后翅亚外缘的黑带上分布有蓝色鳞片,臀角处常有橙色斑,其上有1枚黑点,但春型该黑点可能退化,夏型后翅前缘还有1枚黑斑。反面颜色稍淡,后翅亚外缘区蓝色斑明显,内侧有橙色斑,其余同正面。最常见的凤蝶之一,喜访花,以蛹越冬。

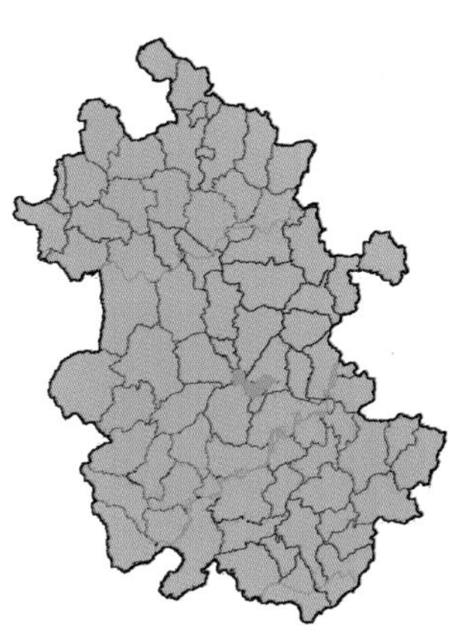

寄主: 柑橘属(*Citrus* spp.)、花椒属(*Zanthoxylum* spp.)的多种植物。

分布: 全省广布。

13. 金凤蝶 *Papilio machaon* Linnaeus, 1758

体黑色，体侧、腹部腹面黄色。翅黄色，各翅脉附近形成黑色条纹，翅外缘和亚外缘有2条黑带，并在亚外缘形成1列新月形黄斑。前翅基部黑色，其上散布着黄色鳞片，中室中部和端部有2条短黑带。后翅中室端有1枚钩状黑斑，亚外缘黑带处分布蓝色鳞片，臀角处有1枚红色圆斑。反面色稍淡，后翅亚外缘区蓝色斑明显，内侧在 M_3 和 M_4 室有橙红色斑，其余同正面。分布最广的凤蝶之一，多见于田野、丘陵和山地，高海拔地区也有分布，喜吸食花蜜，以蛹越冬。

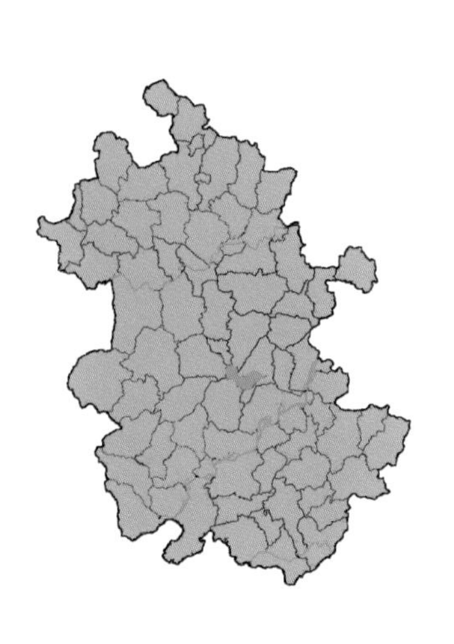

寄主：伞形科(Umbelliferae)的茴香(*Foeniculum vulgare*)等植物。

分布：全省广布。

14. 碧凤蝶 *Papilio bianor* Cramer, 1777

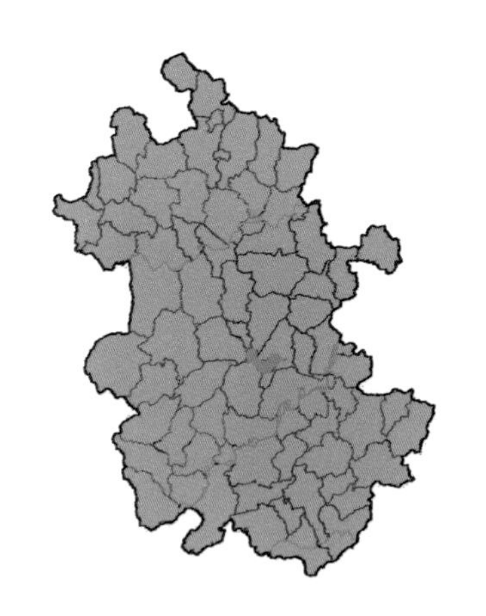

体翅黑色，散布黄绿色和蓝绿色鳞片，后翅正面亚外缘有1列蓝色和红色弯月形斑。雄蝶前翅正面Cu_2至M_3室有性标，春型性标较稀疏。后翅尾突沿翅脉分布一定宽度的蓝绿色鳞，夏型较集中，春型整个尾突都布满蓝绿色鳞。反面前翅有灰白色宽带，由后角向前缘逐渐加宽，后翅内缘区及中域分布白色鳞片，亚外缘有1列弯月形或飞鸟形红斑。常见访花、吸水或沿山路飞行，以蛹越冬。

寄主：臭檀吴萸（*Evodia daniellii*）、竹叶椒（*Zanthoxylum armatum*）等植物。

分布：全省广布。

15. 绿带翠凤蝶 *Papilio maackii* Ménétriés, 1859

省内分布的为南方型，十分接近碧凤蝶，但可从以下几方面区别：前翅顶角较突出，雄蝶性标更为发达，两性后翅外中域绿色鳞片较密集，形成不明显的绿带，该绿带外侧至亚外缘红斑之间为黑色区域，几乎无绿色鳞片分布，后翅尾突通常较碧凤蝶细，其上绿色鳞片沿翅脉集中分布，后翅反面亚外缘红斑多为矩形或梯形而较少呈飞鸟形。常见访花、吸水或沿山路飞行，以蛹越冬。

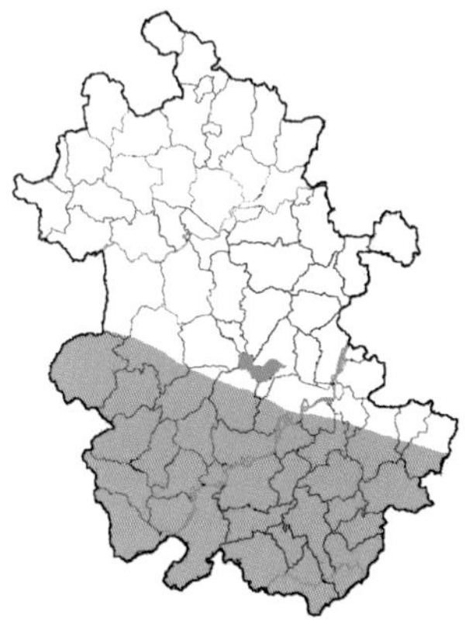

寄主：黄檗(*Phellodendron amurense*)、臭檀吴萸(*Evodia daniellii*)等植物。

分布：六安、合肥、安庆及长江以南各市。

16. 穹翠凤蝶 *Papilio dialis* Leech, 1893

较接近碧凤蝶,但可据以下几方面鉴别:正面分布草黄绿色鳞片而非翠绿色鳞片,较素雅;雄蝶前翅性标为条状,各处等宽,不同翅室内性标互相独立不相连;前翅反面各室内均有灰白色鳞片,翅基部黑色区域较小;后翅反面白色鳞只分布在内缘区而不扩散至中域;亚外缘红斑发达,呈飞鸟形,臀角为环形红斑。成虫喜欢吸水或沿山路飞行,较为少见,以蛹越冬。

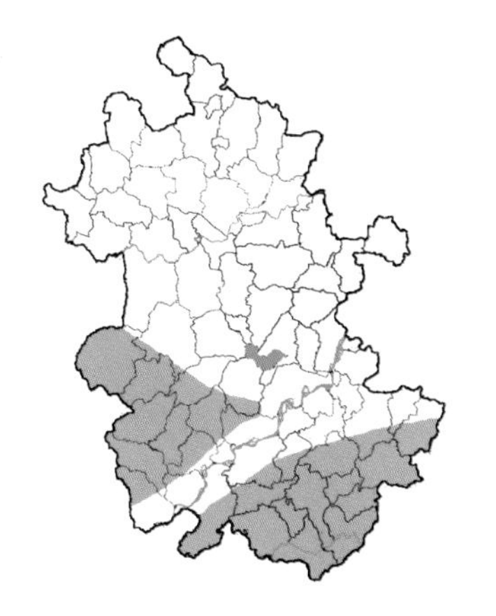

寄主:吴茱萸(*Evodia rutaecarpa*)等植物。

分布:六安、安庆、池州、黄山。

17. 巴黎翠凤蝶 *Papilio paris* Linnaeus, 1758

翅黑褐色，散布金绿色鳞片，前翅亚外缘具翠绿色细带；后翅 $Sc+R_1$ 室至 M_2 室有1枚很大的蓝绿色斑，其内侧有1条翠绿色细带延伸至内缘，亚外缘有1列金绿色鳞片形成的飞鸟形斑，臀角有1枚红色新月形斑。反面与碧凤蝶较近似，但前翅灰白色鳞带较窄，以蛹越冬。

寄主：吴茱萸属(*Evodia* spp.)的多种植物。

分布：安庆。

18. 达摩凤蝶 *Papilio demoleus* Linnaeus, 1758

翅正面黑褐色，前翅基部至亚基部具细密的淡黄色纹，中室外半部有2枚淡黄色斑，中室端具1枚淡黄色横斑，R_4室至2A室有1列淡黄色外中斑，其中R_4室斑被1枚黑褐色斑分为内外两部分，M_1室斑一般消失，R_3室基半部有2枚淡黄色斑，前翅亚外缘及外缘各有1列淡黄色小斑；后翅基部至臀区侧散布淡黄色鳞片，具一宽阔的淡黄色内中带，在$Sc+R_1$室中部有1枚圆形黑斑，其上半部有1枚新月形淡蓝色斑，后翅外中区及外缘各有1列淡黄色斑，臀角有1枚椭圆形红斑，其上缘具蓝色新月形斑。反面与正面相似，但斑纹较大，前翅基部至亚基部具数枚淡黄色纵向条纹，后翅肩区淡黄色，亚基部具淡黄色条斑，中域Cu_1室至M_1室及中室端各有1枚橙色斑，以蛹越冬。

寄主：柑橘(*Citrus reticulata*)等植物。

分布：黄山。

1.1.6 宽尾凤蝶属 *Agehana* Matsumura,1936

19. 宽尾凤蝶 *Agehana elwesi* Leech, 1889

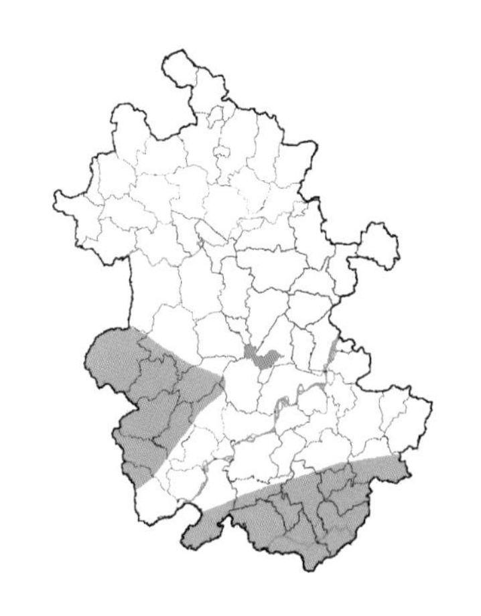

大型凤蝶,体翅黑色,翅面散布黄色或灰白色鳞,后翅外缘波状,波谷红色,外缘区有6枚弯月形红斑,后翅中域灰色,白斑型为白色。尾突宽大,呈靴形,进入两条翅脉。常见在高空或峭壁翱翔,也在低海拔地区吸水,一年发生两代,以蛹越冬。

寄主:厚朴(*Magnolia officinalis*)等植物。

分布:安庆、池州、黄山、宣城。

1.1.7 青凤蝶属 *Graphium* Scopoli, 1777

20. 青凤蝶 *Graphium sarpedon* (Linnaeus, 1758)

无尾突，翅黑色，前翅有1列青色方形斑，从顶角到后缘逐渐加宽，中室内一般不进入青色斑，据此可与其他种类区分，但春型个体偶尔会出现中室斑。后翅中域也有1条青带，但斑带型个体只保留前缘的白色斑及下方的1枚很小的青斑，亚外缘有1列新月形青斑。反面后翅基部有1条红色短线，外中域至内缘有数枚红色斑纹，其他与正面相似。雄蝶后翅内缘褶内有灰白色的发香鳞。飞行迅速，常见访花、吸水或在树冠处飞行，以蛹越冬。

寄主： 樟科(Lauraceae)的樟(*Cinnamomum camphora*)等植物。

分布： 全省广布。

21. 阿青凤蝶* *Graphium adonarensis* (Rothschild, 1896)

安徽分布的亚种为ssp. septentrionicolus。与青凤蝶非常近似,但中带较宽,前翅Cu_2室和Cu_1室青斑之间通常不被黑色翅脉分隔开,而是覆盖白色鳞片。雄性外生殖器抱器瓣轮廓近圆形,内突和抱器端之间的凹陷较浅,抱器基突较长且弯曲,基部有锯齿。以蛹越冬。

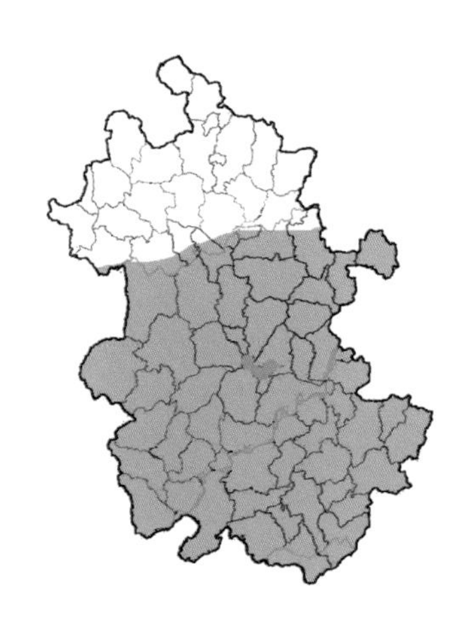

分布:淮河以南各市。

* 标本图片由张世奇提供,采集于安徽合肥。

22. 黎氏青凤蝶 *Graphium leechi* (Rothschild, 1895)

无尾突，翅黑色，前翅亚外缘、中域及中室有3列白色或淡青色斑，亚外缘斑圆形，中域斑列为条形，向后缘逐渐加宽，中室内为5条白色端横纹。后翅基部及中域有5条长短不一的条纹，亚外缘有1列白色或淡青色斑。反面后翅基角有1个橙色斑，外中域至内缘有4个橙色斑，其他与正面类似。成虫常见访花或吸水，以蛹越冬。

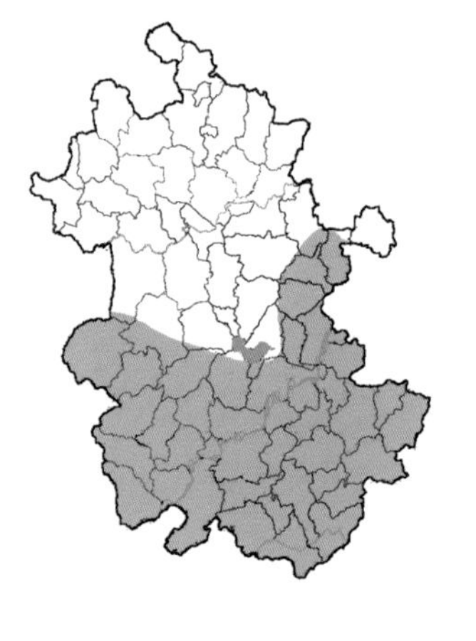

寄主：木兰科（Magnoliaceae）的鹅掌楸（*Liriodendron chinense*）。

分布：六安、安庆、滁州及长江以南各市。

23. 碎斑青凤蝶 *Graphium chironides* (Honrath, 1819)

与黎氏青凤蝶较近似，正面颜色更青，反面后翅基部有1枚黄色斑，偶尔也会有小的橙色斑，而黎氏青凤蝶此斑近基部为淡青色，其余部分为橙色。比较稳定的特征在于前翅后缘的2枚青斑长度不超过所在翅室的一半，后翅前缘$Sc+R_1$室斑较短而宽。成虫常见访花或吸水，以蛹越冬。

寄主：木兰科(Magnoliaceae)植物。

分布：合肥、滁州及长江以南各市。

24. 宽带青凤蝶 *Graphium cloanthus* (Westwood, 1841)

个体较大，翅黑色，前翅中域由1列矩形斑组成青色宽带，由顶角向后缘逐渐加宽，中室内进入2枚青斑，后翅基半部有1条倾斜的青色宽带，亚外缘有1列青色斑，尾突细。前翅反面外缘有1条浅色线，后翅基部以及外中域至臀角有红色斑，其他与正面相似。宽带型个体前后翅中带加宽，超过翅宽的一半，颜色稍浅。成虫常沿山路飞行或吸水，以蛹越冬。

寄主： 樟科(Lauraceae)的华东楠(*Machilus leptophylla*)等。

分布： 六安、安庆、池州、黄山、宣城。

25. 升天剑凤蝶 *Graphium eurous* (Leech, 1893)

体黑色,有灰白毛,腹面灰白色。翅白色,前翅有10条黑色斜带,基部的2条从前缘到达后缘,中间5条从前缘到达中室后缘,外侧的3条到达后角。后翅有5条从臀角至前缘的黑色斜纹,臀区及尾突黑色,臀角有2枚橙黄色斑,尾突基部处有3枚蓝色短斑,尾突细长,末端白色。反面色稍浅,后翅中部两条黑线间有时会有微弱的金黄色条状斑,也可能消失,其余类似正面。成虫在春季发生一代,常见于水边飞行或访花,以蛹越冬。

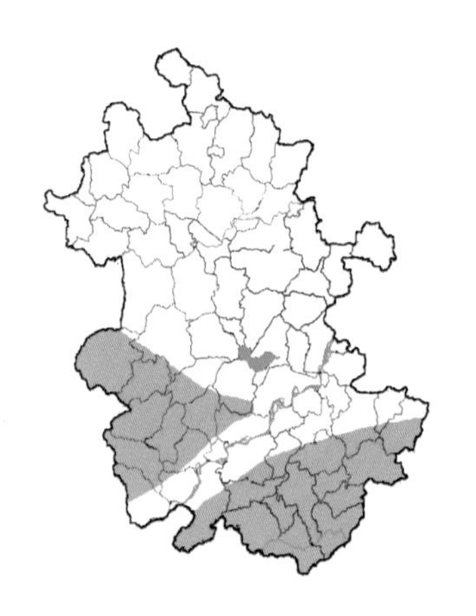

寄主:樟科(Lauraceae)的新木姜子(*Neolitsea aurata*)。

分布:六安、安庆、池州、黄山、宣城。

26. 四川剑凤蝶 *Graphium sichuanica* Koiwaya, 1993

据 Yoshino(2001)考证，*Papilio tamerlanus hoenei* 的群模标本与本种为同种。但因 *Papilio tamerlanus hoenei* Mell,1935 为 *Papilio agetes hoenei* Mell,1923 之次同名，故 *Graphium sichuanica* Koiwaya,1993 应为有效学名。本种与升天剑凤蝶近似，但后者后翅反面有 2 条平行的黑色中带，而本种后翅 Rs 室基部无黑色条纹。与升天剑凤蝶同时发生，但数量较少，以蛹越冬。

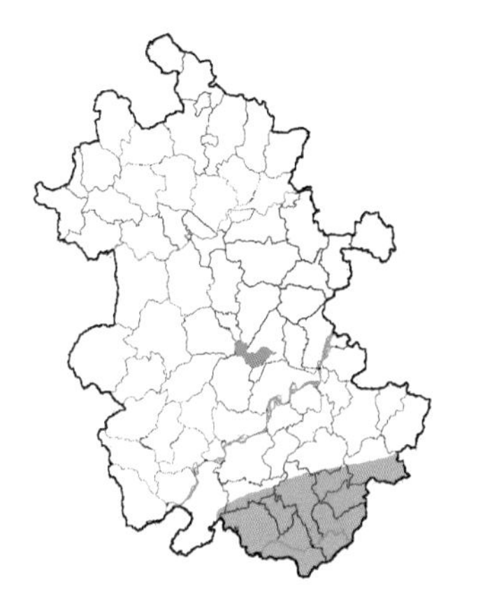

寄主：樟科(Lauraceae)植物。

分布：池州、黄山、宣城。

27. 金斑剑凤蝶 *Graphium alebion* (Gray, [1853])

与四川剑凤蝶较近似，但前翅较窄，后翅臀角处橙黄色斑较大，黑色中带向前缘逐渐加宽，反面在 $Sc+R_1$ 室有1枚黄色斑，一年生一代，以蛹越冬。

寄主：樟科(Lauraceae)的山胡椒属(*Lindera* spp.)植物。

分布：六安、宣城。

1.2 绢蝶亚科 Parnassiinae

1.2.1 丝带凤蝶属 *Sericinus* Westwood, 1851

28. 丝带凤蝶 *Sericinus montelus* Gray, 1853

本省产为华东型。雌雄异型，雄蝶翅黄白色，前翅翅基部、前缘、顶角黑色，中室中部和端部有黑斑，中室下方和外侧有不规则的黑带，后翅外中域有1条黑色横带，与臀区黑斑相连，黑斑内有红色横斑，红斑下方有蓝斑，中室内有1枚黑斑，尾突细长；反面与正面相似。雌蝶比雄蝶正反面黑斑更为发达。本种春型个体较小，正反面黑斑较为退化，雄蝶后翅中室内无斑纹。分布很广，一年发生多代，数量较多，常见丘陵或荒草地，飞行缓慢飘逸，以蛹越冬。

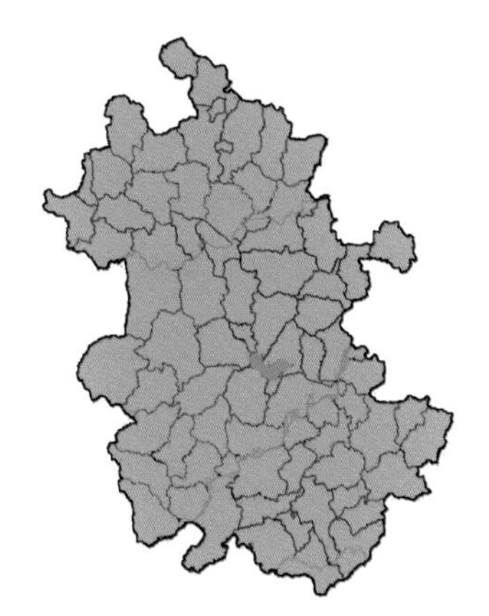

寄主：马兜铃科（Aristolochiaceae）的马兜铃（*Aristolochia debilis*）。

分布：全省广布。

1.2.2 虎凤蝶属 *Luehdorfia* Crüger, 1878

29. 中华虎凤蝶 *Luehdorfia chinensis* (Leech, 1893)

翅黄色,前翅上半部有8条黑色横带,从基部起第一、二、四、七、八条黑带到达前翅后缘,第三、五条为短横带,只到达中室后缘,第六条横带于中部并入第七条。后翅上部有3条黑色带,其中基部一条沿内缘达臀区,外区黑色,内侧分布1列红色斑,外缘有数枚新月形黄斑,尾突较短小。反面与正面相似。仅在早春发生一代,分布于丘陵地带,多见于山背阳的一侧,常于林中飞行或停栖,以蛹越冬。

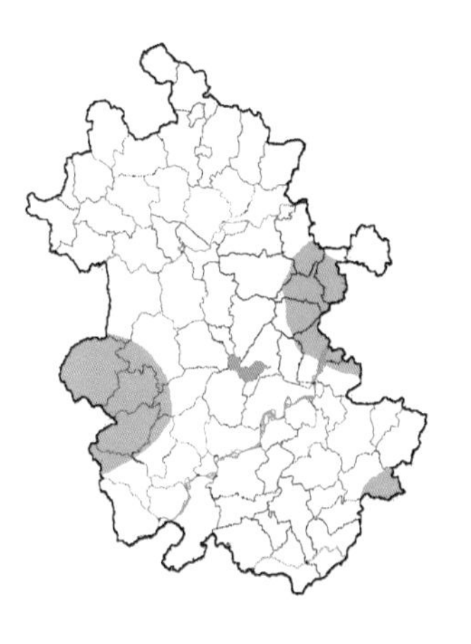

寄主:马兜铃科(Aristolochiaceae)的细辛(*Asarum sieboldii*)、杜衡(*Asarum forbesii*)等植物。

分布:六安、滁州、马鞍山、安庆、宣城。

1.2.3 绢蝶属 *Parnassius* Latreille, 1804

30. 冰清绢蝶 *Parnassius citrinarius* Motschulsky, 1866

翅白色,翅脉灰黑色,前翅中室内及中室端部通常各有1枚灰黑色横斑,亚外缘及外缘有不明显的灰色带,后翅内缘区黑色。反面与正面相似。较近似白绢蝶 *Parnassius stubbendorfii*,但身体覆盖有黄色毛,雌蝶臀袋较小。在春季或初夏发生一代,多在低海拔山地活动,飞行缓慢,以卵越冬。

寄主:延胡索(*Corydalis yanhusuo*)等植物。

分布:六安、安庆、滁州、马鞍山、池州、黄山、宣城。

2 粉蝶科 Pieridae

黄粉蝶亚科 Coliadinae

粉蝶亚科 Pierinae

成虫 中等大小的蝴蝶,色彩较素淡,多数种类为白色或黄色,少数种类为红色或橙色,有黑色斑纹,前翅顶角常黑色。头小;触角端部膨大,明显呈锤状;下唇须发达。两性的前足均发达,有步行作用;有两分叉的两爪。前翅通常呈三角形,有的顶角尖出,有的呈圆形;R脉3或4条,极少有5条的,基部多合并;A脉1条。后翅卵圆形,无尾突;A脉2条。中室均为闭式。雄的发香鳞在不同属分布于不同的部位:在前翅Cu的基部、后翅基角、中室基部或腹部末端。不少种类呈性二型,也有季节型。成虫需补充营养,喜吸食花蜜,或在潮湿地区、浅水滩边吸水。多数种类以蛹越冬,少数种类以成虫越冬。有些种类喜群栖。

卵 炮弹形或宝塔形,长而直立,上端较细,精孔区在顶端;卵的周围有长的纵脊线和短的横脊线,单产或成堆产在寄主植物上。

幼虫 圆柱形,细长,胸部和腹部的每一节由横皱纹划分为许多环,环上分布有小突起及次生毛;颜色单纯,绿或黄色,有时有黄色或白色纵线。

蛹 缢蛹。头部有一尖锐的突出,体的前半段粗,多棱角,后半段瘦削;上唇分3瓣;喙到达翅芽的末端。化蛹地点多在寄主的枝干上,拟似枝椏,有保护色,随化蛹的环境而颜色不同。

寄主 主要为十字花科(Cruciferae)、豆科(Leguminosae)、山柑科(Capparaceae)、蔷薇科(Rosaceae)植物,有的取食蔬菜或果树。

分布 全国均有分布。

2.1 黄粉蝶亚科 Coliadinae

2.1.1 豆粉蝶属 *Colias* Fabricius,1807

1. 东亚豆粉蝶 *Colias poliographus* Motschulsky, 1860

体黑色,头部及胸前部有红褐色绒毛。前翅外缘黑带约占翅面的1/3,内有淡色斑列,中室端部有1枚黑斑,翅基部有黑色鳞,后翅外缘在翅脉末端处有1列黑斑,亚外缘有1列不明显的黑色斑纹,中室端有1枚橙色斑。前翅反面中室端有1枚黑斑,亚外缘有1列黑点,后翅反面暗黄色,中室端斑银白色边缘饰以红线,亚外缘有1列暗色点。雄蝶翅色常见为黄色,雌蝶的多为白色,有时也有黄色型出现。本种曾经长期作为斑缘豆粉蝶 *Colias erate* 的亚种,其地位有待进一步研究,与后者区别为前翅外缘黑带内有黄色斑(但偶尔也会有极少黑缘个体出现)。为最常见的豆粉蝶,常见于农田、荒草地、城市绿化带。

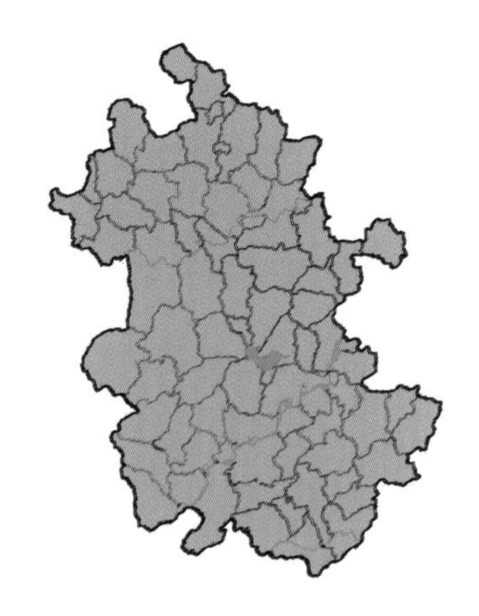

寄主:豆科(Leguminosae)的白车轴草(*Trifolium repens*)、广布野豌豆(*Vicia lilacina*)等植物。

分布:全省广布。

2. 橙黄豆粉蝶 *Colias fieldii* Ménétriēs, 1855

雌雄异型。翅橙红色,前后翅缘毛粉红色,外缘有黑色宽带,雌蝶在黑带内有1列橙黄色斑纹,雄蝶则无,前翅中室端有1枚黑斑,后翅中室端有1枚橙黄色斑;反面颜色稍淡,前翅亚外缘有1列黑点,中室端斑内有白点,后翅中室端斑银白色边缘饰以粉红色线,数量稀少,以蛹越冬。

寄主:豆科(Leguminosae)的白车轴草(*Trifolium repens*)等植物。

分布:淮北、六安、安庆、合肥、黄山。

2.1.2 黄粉蝶属 *Eurema* Hübner,[1819]

3. 北黄粉蝶 *Eurema mandarina* de l'Orza, 1869

翅黄色,正面前翅外缘有黑色带,其内侧在 M_3 脉和 Cu_1 脉处向外凹入,夏型该带较宽,秋型较窄或消失,仅顶角处黑色,后翅外缘有较窄的黑带,秋型退化为脉端的黑点;翅反面色稍淡,无黑色带,但分布有褐色的小斑点、条纹或暗纹。较近似檗黄粉蝶 *Eurema blanda* 和安迪黄粉蝶 *Eurema andersoni*,但后翅 M_3 室略突出,前翅反面中室内有2枚褐色斑纹。与宽边黄粉蝶 *Eurema hecabe* 极为相似,但前翅缘毛为黄色而非褐色,且本种秋型黑边退化为脉端黑点。为最常见的黄粉蝶,飞行较慢,喜访花,以成虫越冬。

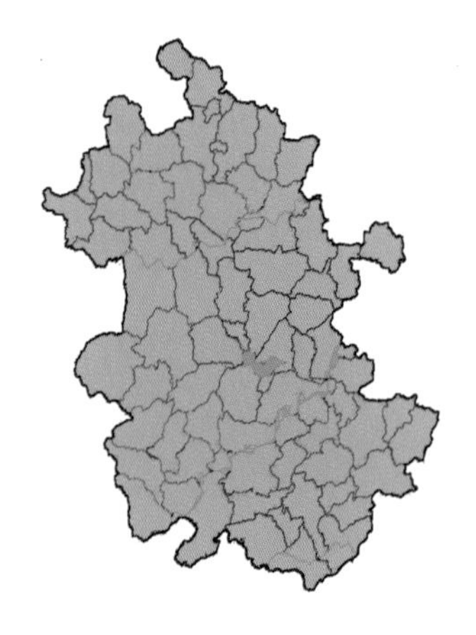

寄主:黄槐(*Cassia surattensis*)等植物。

分布:全省广布。

4. 尖角黄粉蝶 *Eurema laeta* (Boisduval, 1836)

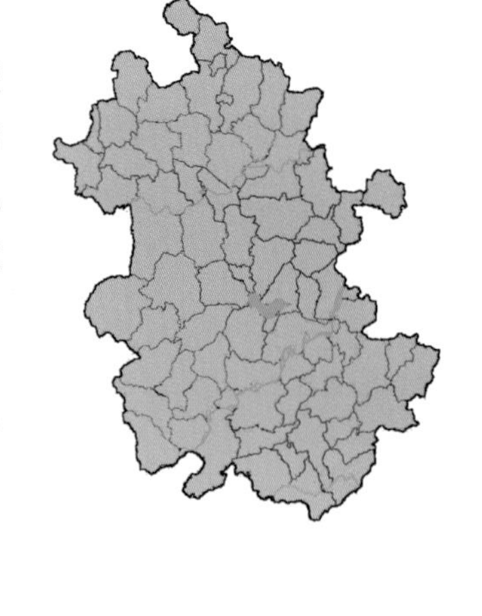

翅黄色，正面前翅外缘有黑色带，由前缘向后变窄，止于Cu_2脉或Cu_1脉，后翅外缘有细黑带，或退化为脉端的黑点；反面无黑色带，秋型后翅中部有暗红褐色的横带，夏型不明显，前翅顶角秋型较夏型更尖锐。发生期长，但数量不多，多在秋季见到。

寄主：豆科(Leguminosae)的大豆(*Glycine max*)、紫苜蓿(*Medicago sativa*)等植物。

分布：全省广布。

2.1.3 钩粉蝶属 *Gonepteryx* Leach, [1815]

5. 浅色钩粉蝶 *Gonepteryx aspasia* Gistel, 1857

安徽分布的亚种为ssp. *acuminata*。较近似钩粉蝶*Gonepteryx rhamni*,但前翅前缘较弯,顶角更为尖锐。与圆翅钩粉蝶区别为,个体较小,前翅顶角及后翅尖角更加尖锐,后翅Rs脉不膨大,雌蝶为淡青白色。喜访花,以成虫越冬。

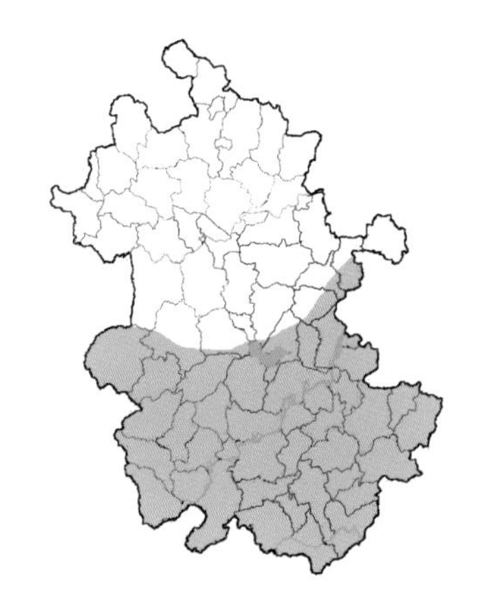

寄主: 鼠李属(*Rhamnus* spp.)植物。

分布: 六安、合肥、滁州、安庆、池州、铜陵、芜湖、马鞍山、黄山、宣城。

6. 圆翅钩粉蝶 *Gonepteryx amintha* Blanchard, 1871

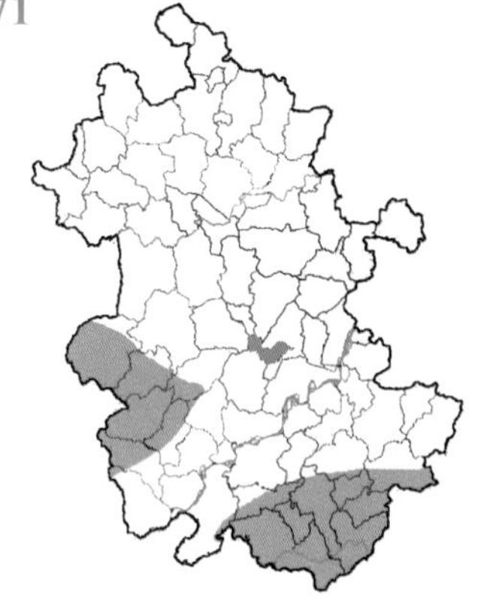

雄蝶前翅黄色或橙黄色，外缘和前缘有红褐色脉端点，后翅黄色，外缘有有脉端点，Rs脉明显膨大，前后翅中室端均有暗红色圆斑；雌蝶淡黄白色。喜访花，也见吸水，以成虫越冬。

寄主：鼠李属（*Rhamnus* spp.）植物。

分布：安庆、池州、黄山、宣城。

2.2 粉蝶亚科 Pierinae

2.2.1 绢粉蝶属 *Aporia* Hübner, [1819]

7. 大翅绢粉蝶 *Aporia largeteaui* (Oberthür, 1881)

大型粉蝶，翅白色，翅脉附近黑色，前后翅外缘黑色，亚外缘有模糊的黑色横带；反面与正面相似，后翅肩区有1枚黄色斑。雌蝶个体比雄蝶大，翅面黑色条纹更发达。与巨翅绢粉蝶*Aporia gigantea*较近似，但后者体型稍大，翅略狭长，后翅反面中室内常有纵线，雄蝶翅面黑纹更发达，且目前已知仅分布于西南及台湾地区。成虫每年6月发生一代，飞行缓慢，喜访花，以幼虫越冬。

寄主：小蘖科（Berberidaceae）的阔叶十大功劳（*Mahonia bealei*）。

分布：池州、黄山、宣城。

2.2.2 粉蝶属 *Pieris* Schrank, 1801

8. 菜粉蝶 *Pieris rapae* (Linnaeus, 1758)

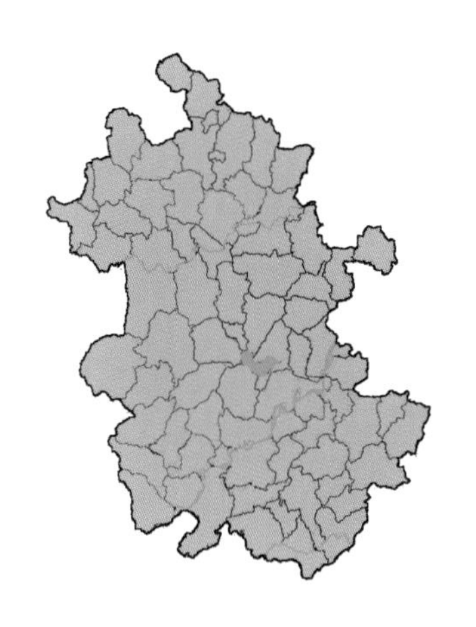

翅白色，前后翅基部散布黑色鳞，前翅顶角黑色，外中域有2枚黑斑，后面1枚有时模糊，后翅前缘有1枚黑斑；前翅反面类似正面，但顶角为浅灰黄色，后翅反面为白色或浅灰黄色。雌蝶翅面斑纹常比雄蝶发达。早春发生的个体翅型稍狭长，正面黑斑常退化，仅前翅顶角、前缘和前后翅基部黑色。为最常见、分布最广的粉蝶之一，发生期很长，随处可见，以蛹越冬。

寄主：十字花科(Cruciferae)蔬菜。

分布：全省广布。

9. 东方菜粉蝶 *Pieris canidia* (Linnaeus, 1768)

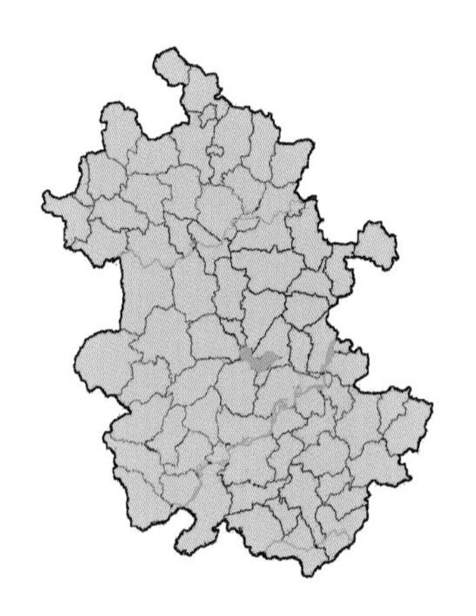

个体大于菜粉蝶，但也有较小的个体，翅白色，前后翅基部散布黑色鳞，前翅前缘黑色，顶角黑斑与外缘的黑色斑点相连，外中域有2枚黑斑，后面1枚有时模糊，后翅前缘有1枚较大的黑斑，外缘有数枚小黑斑。雌蝶翅面斑纹通常比雄蝶发达。早春发生的个体翅型稍狭长，雄蝶正面黑斑常退化，外缘黑斑列退化为微点，以蛹越冬。

寄主：十字花科(Cruciferae)蔬菜。

分布：全省广布。

10. 华东黑纹粉蝶 *Pieris latouchei* Mell, 1939

Pieris melete 分布于日本及东北亚(Eitschberger, 1993),我国西南分布的种类为 *Pieris erutae*,而华东的种类则为 *Pieris latouchei*(Tadokoro et al., 2014)。个体较大,但也会有小的个体。翅白色,翅脉黑色,前翅顶角黑色,外中域有2枚黑色斑,后翅前缘有1枚黑斑,后翅黑纹在外缘脉端有时膨大;反面后翅及前翅顶角为淡黄色,后翅肩区常有1枚黄色斑。雌蝶斑纹发达,各翅脉有粗黑纹;雄蝶一般仅翅脉为黑色,不向两侧扩散。春型翅型稍狭长,反面各翅脉附近灰褐色脉纹较发达,雄蝶正面除顶角外黑斑常完全退化。飞行缓慢,常见于林间开阔地,平原地区少见,以蛹越冬。

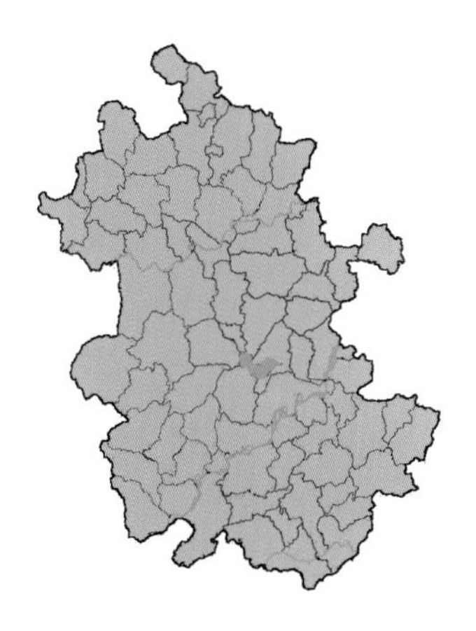

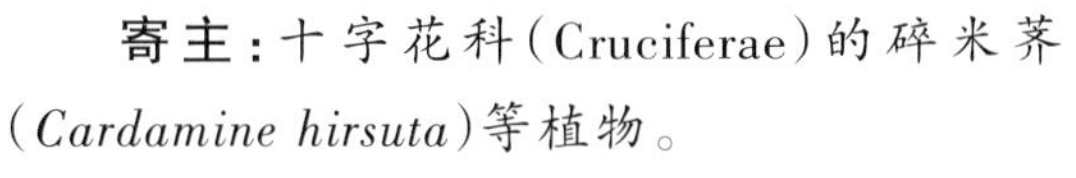

寄主:十字花科(Cruciferae)的碎米荠(*Cardamine hirsuta*)等植物。

分布:全省广布。

2.2.3 云粉蝶属 *Pontia* Fabricius, 1807

11. 云粉蝶 *Pontia edusa* (Fabricius, 1777)

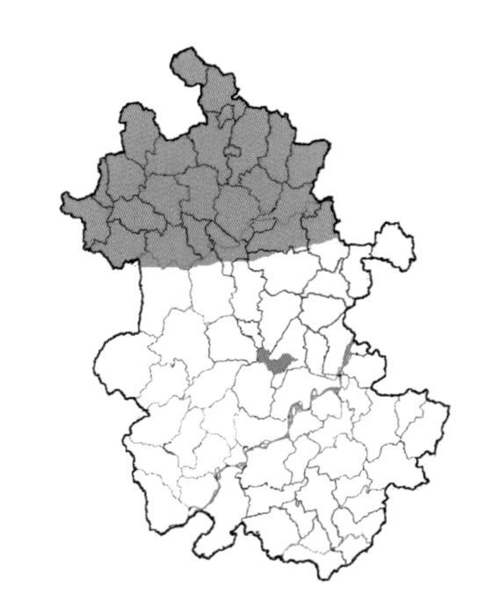

原先的学名*Pontia daplidice*实际包含了两个种，即*Pontia daplidice*和*Pontia edusa* (Wagener, 1988)，我国分布的种类为后者。翅白色，前翅中室端有1枚黑色斑，前翅外缘翅脉端有1列黑斑，亚外缘上半区有不规则的黑色带，与外缘黑斑相连，Cu_2室外中部有1枚黑斑；雌蝶后翅外缘翅脉端有1列黑斑，亚外缘有不规则的黑褐色带，与外缘斑相连，基部到中域有不规则的灰色阴影区，雄蝶后翅斑纹很淡，分布与雌蝶类似。翅反面斑纹为暗绿色，分布与正面基本相似，前翅中室端斑有黑纹包围。多见于平原丘陵地区，喜访花，以蛹越冬。

寄主：十字花科(Cruciferae)、蔬菜及豆科(Leguminosae)牧草。

分布：淮河以北各市。

2.2.4 襟粉蝶属 *Anthocharis* Boisduval,1833

12. 黄尖襟粉蝶 *Anthocharis scolymus* Butler, 1866

翅白色,前翅中室端有1枚黑斑,顶角尖出,有3枚黑斑,雄蝶其中有1枚橙黄色斑,雌蝶则无;反面前翅顶角斑为灰绿色,后翅布满不规则的灰绿色密纹,亚外缘区色淡。春季发生一代,数量较多,以蛹越冬。

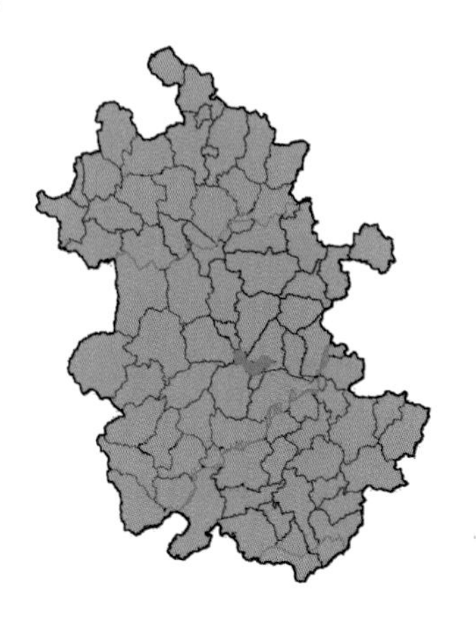

寄主:十字花科(Cruciferae)的弹裂碎米荠(*Cardamine impatiens*)等植物。

分布:全省广布。

13. 橙翅襟粉蝶 *Anthocharis bambusarum* Oberthür, 1876

雄蝶前翅橙色，雌蝶白色，顶角较圆润，有灰黑色斑，中室端有1枚黑斑，翅基部黑色；后翅正面白色，有灰色暗纹，反面布满墨绿色云状斑纹。春季发生一代，常访花，以蛹越冬。

寄主：十字花科(Cruciferae)的弹裂碎米荠(*Cardamine impatiens*)等植物。

分布：六安、合肥、滁州、安庆、芜湖、马鞍山及长江以南各市。

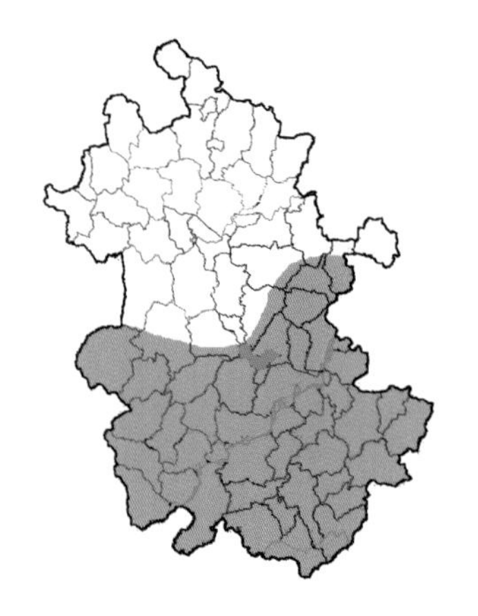

3 蛱蝶科 Nymphalidae

喙蝶亚科 Libytheinae
斑蝶亚科 Danainae
眼蝶亚科 Satyrinae
闪蝶亚科 Morphinae
釉蛱蝶亚科 Heliconninae
蛱蝶亚科 Nymphalinae
螯蛱蝶亚科 Charaxinae
闪蛱蝶亚科 Apaturinae
丝蛱蝶亚科 Cyrestinae
线蛱蝶亚科 Limenitinae
绢蛱蝶亚科 Calinaginae

眼蝶亚科成虫小型或中型的种类，通常颜色暗而不鲜艳，多为灰褐、黄褐、棕褐或黑褐，少数红色或白色。翅上有较醒目的眼状斑或圆纹，少数没有或不明显。头小；复眼周围有长毛，下唇须直长，侧扁，而有密毛；触角端部明显锤状。前足退化，毛刷状，缩在胸部下不能步行，雄蝶跗节只剩1节，被有鳞毛，雌蝶1节以上，但不超过5节，无爪。翅短而阔，外缘扇状，或齿出，或后翅有尾突；前翅有几条脉纹基部加强，或在基部膨大；R脉5条，A脉1条。后翅A脉2条；外缘圆或波状，有肩脉。前后翅中室闭式，偶或端脉中部弱或中断。雄蝶通常有第二性征：前翅正面近A脉基部有腺褶及后翅正面亚前缘区的特殊鳞斑，斑上有倒逆的毛撮。飞行形式波浪形，多在林荫、竹丛中早晚活动。多分布在高山区，有少数种类在开阔地区活动。南方种类有的颜色较鲜艳，少数无眼状斑，拟似粉蝶或斑蝶。有季节性的变异，旱季翅反面呈保护色，眼纹退化，拟似枯叶。有的取食树汁，加害果实，吸食动物粪便或尸体。卵近圆球形或半圆球形，表面有多角形的雕纹，有的呈粗的纵脊及细的横脊。散产在寄主植物上。幼虫身体呈纺锤形，即两端较尖削，而中节较粗；每一节上有横皱纹，多有毛。头比前胸大，常二叉或延伸呈二角状突起；第三单眼特别大；上唇刻入很深。腹足趾钩中列式，1~3序。肛节有成对的向后突出。体表绿色或黄色，有纵条纹。蛹为悬蛹。体纺锤形，光滑，只头上有2个弱的突起，臀棘柱状。多挂在植物枝叶上，少数作茧，在土中化蛹。多数取食禾本科（Gramineae）植物，有的取食水稻（*Oryza sativa*）。

闪蝶亚科中的环蝶族成虫多数为大型或中型的蝴蝶，通常颜色暗而不鲜艳，多为黄、灰、棕、褐或蓝色，翅上有大型的环状纹，外形略似眼蝶。头小；复眼无毛；触角细长，棒状部细。前足退化，缩于胸下，不适于步行；跗节雄蝶只有1节，末端有长毛，雌蝶有5节，无毛；均无爪。翅大而阔；前翅前缘弧形弯曲，中室闭式，R脉4或5条；后翅中室开式或闭式，臀区大，凹陷，可容纳腹部，A脉2条，无尾突；雄蝶后翅上有发香鳞。生活在密林、竹丛中，或早晚活动；飞行波浪式，忽上忽下，较易捕捉。卵和眼蝶的卵相似，近圆球形，表面有雕刻纹，常几个产在一起。幼虫圆柱形，头部有2角状突起，体节上有很多横皱纹，被有稀疏的毛；尾节末端有一对尖形突出。蛹为悬蛹；长纺锤形，头部有一对尖突起。寄主为单子叶植物，如禾本科(Gramineae)、棕榈科(Palmae)。

其他亚科成虫包括很多中型或大型的蝴蝶。少数为小型美丽的蝴蝶，翅形和色斑的变化大。少数种类有性二型，有的呈现季节型。复眼裸出或有毛，下唇须粗；触角长，上有鳞片，端部棒状膨大或无明显膨大。前足退化，缩在胸部下没有作用；跗节雌蝶4~5节，有时略膨大，雄蝶1~2节，除喙蝶亚科的雌蝶外均无爪。前翅中室开式或闭式，A脉1条；后翅中室通常开式，A脉2条。喜在日光下活动，飞行迅速，行动敏捷。有的在休息时翅不停地扇动；有的飞行力强，常在叶上将翅展开。多数种类在低地可见。卵呈多种形状，如半圆球形、馒头形、香瓜形或钵形，多数有明显的纵脊，或有横脊，有的呈多角形雕纹；散产或成堆。

幼虫头上常有突起，有时突起大，呈角状；体节上有棘刺。腹足趾钩中列式，1~3序。有的有吐丝结网群栖等习性。蛹为悬蛹，颜色变化很大，有时有金色或银色的斑点，头常分叉，体背有不同的突起，上唇3瓣，喙不超过翅芽的末端。寄主多为堇菜科(Violaceae)、忍冬科(Caprifoliaceae)、杨柳科(Salicaceae)、桑科(Moraceae)、榆科(Ulmaceae)、爵床科(Acanthaceae)等植物。

3.1 喙蝶亚科 Libytheinae

3.1.1 喙蝶属 *Libythea* Fabricius, [1807]

1. 朴喙蝶 *Libythea lepita* Moore, [1858]

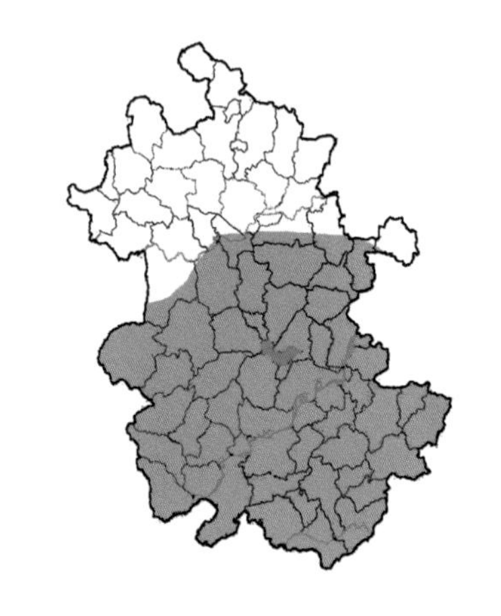

据Kawahara(2006),东亚及印度产的*Libythea lepita*应独立于*Libythea celtis*。下唇须长。翅黑褐色,前翅顶角突出,亚顶角有3枚小白斑,中室内有1条红褐色纵斑,外中域有1枚红褐色圆斑;后翅外缘锯齿状,有1条红褐色中横带。反面前翅顶区及后翅为不均匀的灰褐色。成虫寿命很长,常见于林区开阔地,喜吸水,以成虫越冬。

寄主:榆科(Ulmaceae)的朴树(*Celtis sinensis*)。

分布:淮南、六安、合肥、滁州、安庆、芜湖、马鞍山及长江以南各市。

3.2 斑蝶亚科 Danainae

3.2.1 斑蝶属 *Danaus* Kluk, 1802

2. 金斑蝶* *Danaus chrysippus* (Linnaeus, 1758)

头胸部黑色，上有白点。翅橙红色，前翅前缘及外缘黑色，翅端为黑色区，其内有4枚白斑组成的斜带，斜带下方M_3室另有1枚白点，外缘有2列小白点；后翅外缘区黑色，其上有1列小白点，中室端有3枚黑点。反面与正面相似，但外缘白点较显著，后翅翅色更浅，中室端黑点周围具白晕。南方常见的斑蝶，喜访花。

寄主：萝藦科（Asclepiadaceae）的马利筋（*Asclepias curassavica*）、尖槐藤（*Oxystelma esculentum*）等植物。

分布：合肥。

* 标本图片由张世奇提供，采集于安徽合肥。

3. 虎斑蝶 *Danaus genutia* (Cramer, [1779])

头胸部黑色，上有白点。翅橙红色，翅脉及两侧黑色，前翅前缘、外缘及后缘黑色，翅端为黑色区，其内有5枚白斑组成的斜带，外缘有2列小白点；后翅外缘区黑色，其上有2列小白点，雄蝶在Cu_2脉内侧有黑色性标。反面与正面相似，但外缘白点较显著，后翅翅色更浅。南方常见的斑蝶，喜访花。

寄主：萝摩科(Asclepiadaceae)的马利筋(*Asclepias curassavica*)、尖槐藤(*Oxystelma esculentum*)等植物。

分布：黄山、池州。

3.2.2 绢斑蝶属 *Parantica* Moore, [1880]

4. 大绢斑蝶 *Parantica sita* (Kollar, [1844])

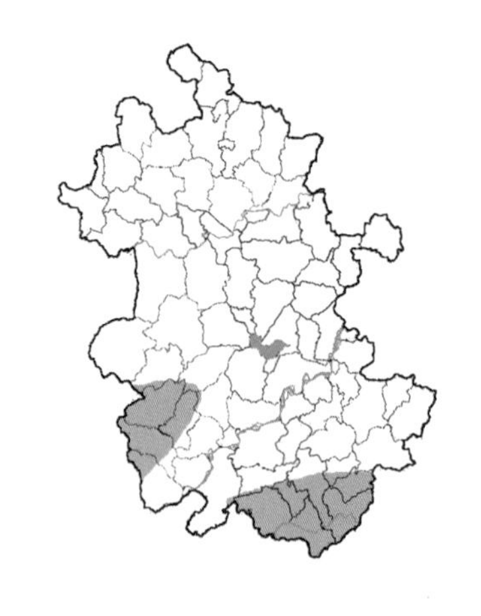

翅白色,半透明。前翅脉纹黑色,外缘和亚外缘区黑色,上有2列小斑;后翅脉纹红褐色,中室内有纵线,外缘和亚外缘区褐色,反面有2列小斑。雄蝶后翅反面 Cu_2、2A及3A脉上有性标。具有迁飞习性,分布很广。

寄主: 萝摩科(Asclepiadaceae)的娃儿藤(*Tylophora ovata*)等植物。

分布: 安庆、滁州、黄山。

3.2.3 紫斑蝶属 *Euploea* Fabricius, 1807

5. 异型紫斑蝶 *Euploea mulciber* (Cramer, [1777])

雌雄异型。雄蝶翅黑褐色，前翅有深蓝色光泽，外中域散布淡蓝色斑点，外缘有1列白点，后缘呈弧形突出；后翅前半部浅褐色，前缘灰白色，后半部深褐色，中室内上缘有1枚苍白色斑，反面外缘及亚外缘有2列白点，中室外有白色点列。雌蝶前翅后缘直，前翅斑纹与雄蝶相似，但较大，后翅各翅室有白色放射状条纹。

寄主：萝摩科（Asclepiadaceae）的白叶藤（*Cryptolepis sinensis*）等植物。

分布：黄山。

6. 蓝点紫斑蝶 *Euploea midamus* (Linnaeus, 1758)

翅黑褐色，前翅有深蓝色光泽，中域散布蓝色斑点，外缘和亚外缘各有1列白斑，雄蝶后缘呈弧形突出，Cu_2室有1枚长形性标，雌蝶后缘较平；后翅前缘白色，外缘及亚外缘有2列白斑，雄蝶后翅前半部灰白色，后半部暗褐色，中室上方附近有灰白色卵形性标。翅反面褐色，前后翅外缘、亚外缘及中室外有白色点列，雄蝶前翅后缘苍白色。

寄主：夹竹桃（*Nerium indicum*）、羊角拗（*Strophanthus divaricatus*）等植物。

分布：合肥。

3.3 眼蝶亚科 Satyrinae

3.3.1 暮眼蝶属 *Melanitis* Fabricius, 1807

7. 暮眼蝶 *Melanitis leda* (Linnaeus, 1758)

雄蝶翅正面深灰褐色，前翅外缘在 M_2脉处、后翅外缘在 M_3脉处向外突出，前翅 M_3室至 M_2室有1枚黑斑，两室内各有1枚白色瞳点，后翅 Cu_1室亚外缘有1枚黑色眼状斑，瞳点白色。反面密布白色鳞纹，亚外缘具1列黑色眼状斑，瞳点白色，具黄色眶。雌蝶与雄蝶相似，但正面前翅大眼斑内侧和上方有黄褐色斑纹，中室端外侧及亚顶角各有一模糊的黑色斑块。秋型个体反面为棕褐色，有时具斑驳的深色斑块，前翅基半部及外中区各有1条深棕色带，后翅具深棕色中带，眼斑较退化。与睇暮眼蝶 *Melanitis phedima* 较近似，但后者翅型较圆，前翅正面白瞳相对黑斑偏向外侧。

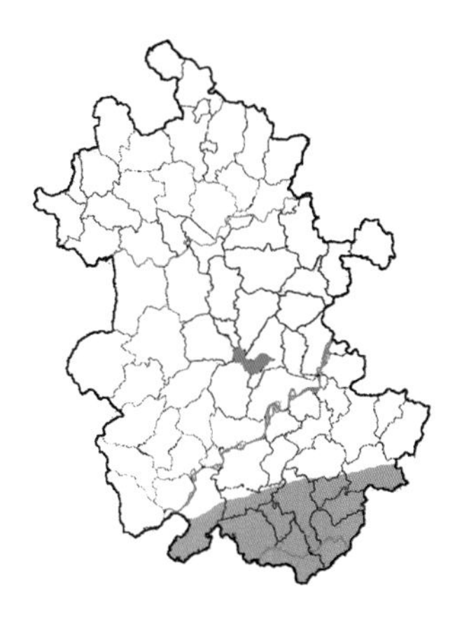

寄主：禾本科(Gramineae)的水稻(*Oryza sativa*)等植物。

分布：池州、黄山、宣城。

3.3.2 黛眼蝶属 Lethe Hübner, [1819]

8. 黛眼蝶 *Lethe dura* (Marshall, 1882)

翅正面黑色,外缘棕褐色,后翅亚外缘有一模糊的棕褐色带,上有1列黑斑。反面棕褐色,前翅中室端半部具1枚淡紫色横斑,外中带淡紫色,亚顶角有1枚淡色小斑,亚外缘 M_1室及 M_2室各有1枚小眼斑;后翅亚基部有数枚淡紫色线纹,具淡紫色中带,边缘较清晰,其外侧有模糊的深棕褐色带,亚外缘有1列眼斑,具淡紫色外环,亚外缘线淡蓝紫色。

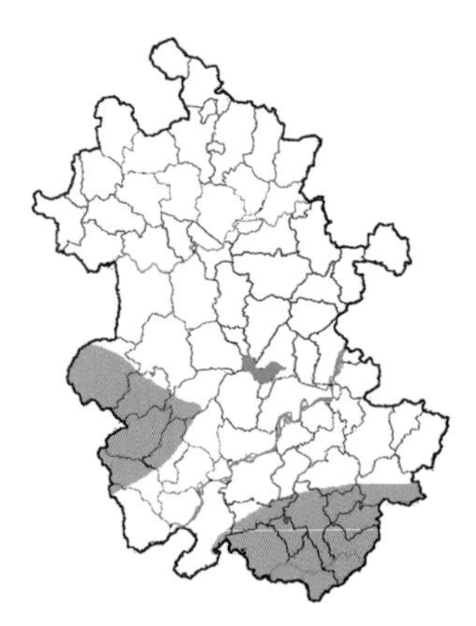

寄主:禾本科(Gramineae)的竹类。

分布:六安、池州、黄山、宣城。

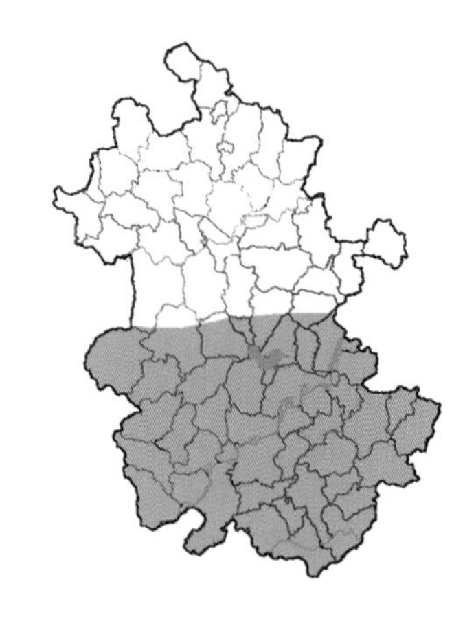

9. 曲纹黛眼蝶 *Lethe chandica* (Moore, [1858])

雄蝶翅正面黑色，边缘略带棕色，后翅外缘在 M_3 脉处突出。反面棕灰色，前翅中室中部有2枚距离很近的棕色横线，外侧1枚较倾斜，内侧1枚延伸至 Cu_2 室基半部，横线外部有浅灰白色鳞区，外中线深棕褐色，在 M_3 脉上方向内偏折，亚外缘 Cu_2 室至 R_5 室有1列小眼斑，眼斑附近有浅灰白色鳞区，前翅具模糊的暗色亚外缘带及棕褐色外缘线；后翅基半部有1条棕色内中线，其外侧具浅灰白色鳞区，中室端脉有一棕色线纹，棕色的外中线较曲折，在 M_3 脉上方向内偏折，在Rs脉处略向内凹入，M_1 脉下方外中线内侧具深棕色阴影区，亚外缘有1列眼斑，具白色瞳点，外缘线棕褐色，其内缘有1列浅灰白色斑。雌蝶正面棕红色，前翅亚顶角 R_5 室有1枚小白斑，前缘中部至 M_3 室中部有一倾斜白带，其内侧有一深棕色区域，Cu_1 室中部有1枚小白斑；后翅亚外缘有1列深棕色斑。雌蝶反面与雄蝶相似，但前翅外中线内侧有深棕色阴影区，外侧具一白带。

寄主：禾本科（Gramineae）的箬竹（*Indocalamus tessellatus*）、刚莠竹（*Microstegium ciliatum*）。

分布：六安、合肥、安庆、芜湖、马鞍山及长江以南各市。

10. 连纹黛眼蝶 *Lethe syrcis* (Hewitson, [1863])

翅正面灰褐色，后翅外缘在 M_3 脉处略突出，斑纹深灰褐色，前翅具模糊的外中带及亚外缘带，后翅亚外缘有1列圆斑，具模糊的浅黄褐色外环，眼斑外侧区域深灰褐色，具浅黄褐色亚外缘线及外缘线。反面浅黄褐色，前后翅均有灰褐色内中线、中室端线、外中线及亚外缘带，外缘线深褐色，后翅内中线与外中线在臀角内侧相连，外中线在 M_3 脉上方向内偏折，在Rs脉处略向内凹入，亚外缘有1列黑色眼斑，具白色瞳点及淡黄色眶，其中Rs室及 Cu_1 室眼斑较大，Cu_2 室2枚小眼斑具公共的淡黄色眶。

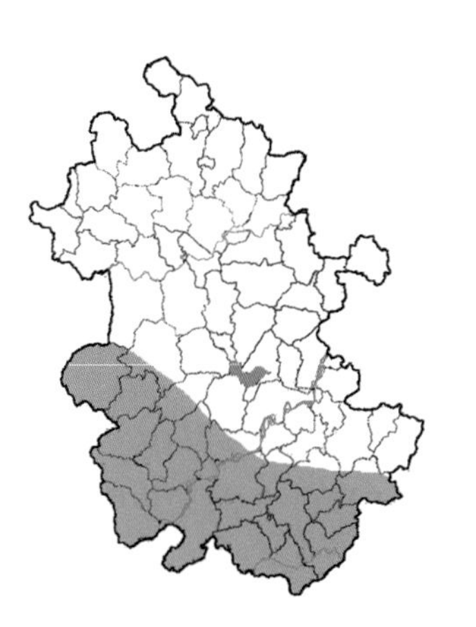

寄主：禾本科(Gramineae)的毛竹(*Phyllostachys heterocycla*)。

分布：六安、安庆、池州、黄山、宣城。

11. 蛇神黛眼蝶 *Lethe satyrina* Butler, 1871

正面黑色，具模糊的浅色亚外缘线及外缘线。反面黑褐色，前翅亚顶角近前缘处有1枚模糊的淡色斜斑，亚外缘具数枚小眼斑；后翅亚外缘有1列黑色眼斑，具白色瞳点、淡黄色眶以及淡紫色外环，其中Rs室及Cu_1室2枚眼斑较大，内中线及外中线淡紫色，外中线在M_3脉上方向内偏折，在Rs脉处略向内凹入，前后翅具淡色亚外缘线及外缘线。

寄主：禾本科(Gramineae)的竹亚科(Bambusoideae)植物。

分布：六安、安庆、池州、黄山、宣城。

12. 苔娜黛眼蝶 *Lethe diana* (Butler, 1866)

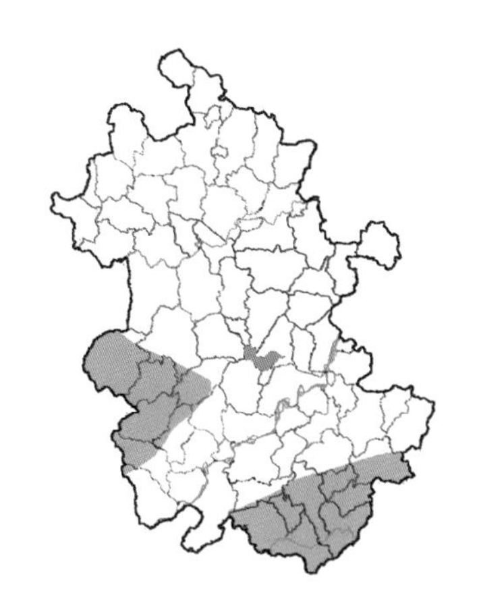

翅正面黑褐色，斑纹不清晰。反面深褐色，前翅中室中部有1枚黑褐色横纹，内中线从中室外半部延伸至Cu_2室，外中线略呈弧形，其外侧亚顶角附近有1枚模糊的淡色斑，亚外缘有1列眼斑，具淡紫色外环，亚外缘线浅褐色，雄蝶前翅后缘具性标；后翅具黑褐色内中线、中室端线及外中线，外中线在M_3脉上方向内偏折，在Rs脉处略向内凹入，亚外缘有1列黑色眼斑，具白色瞳点、淡黄色眶以及淡紫色外环，其中Rs室及Cu_1室2枚眼斑较大，亚外缘线淡紫色，前后翅外缘线浅褐色。

寄主：禾本科(Gramineae)的竹亚科(Bambusoideae)植物。

分布：六安、安庆、黄山、宣城。

13. 圆翅黛眼蝶 *Lethe butleri* Leech, 1889

翅正面黑褐色，亚外缘线及外缘线灰褐色，较模糊。反面灰褐色，中室中部及中室端各有1枚深灰褐色横纹，外中线深灰褐色，亚外缘具1列眼斑；后翅具深灰褐色内中线、中室端线及外中线，外中线在M_2室为一段指向基部的纵线，使得外中线在M_2脉上方明显内移，亚外缘有1列黑色眼斑，具白色瞳点、淡黄色眶、深灰褐色边及模糊不清的灰白色外环，其中Rs室及Cu_1室2枚眼斑较大，前后翅具浅灰色亚外缘线及外缘线。

寄主：禾本科(Gramineae)的毛竹(*Phyllostachys heterocyla*)等植物。

分布：池州、黄山、宣城。

14. 直带黛眼蝶 *Lethe lanaris* Butler, 1877

雄蝶翅正面黑褐色,斑纹模糊不清。反面深棕褐色,前翅中室端半部及端部各有1枚黑褐色横纹,外中带外侧为颜色稍浅的棕褐色区域,亚外缘有1列眼斑,具模糊的灰白色外环;后翅具黑褐色内中线、中室端线及外中线,外中线在 M_3 脉上方向内偏折,在Rs室略向内凹入,亚外缘有1列黑色眼斑,具白色瞳点、淡黄色眶及灰白色外环,前后翅具灰白色亚外缘线及外缘线。雌蝶与雄蝶相似,但前翅外中线外缘具1条白带。

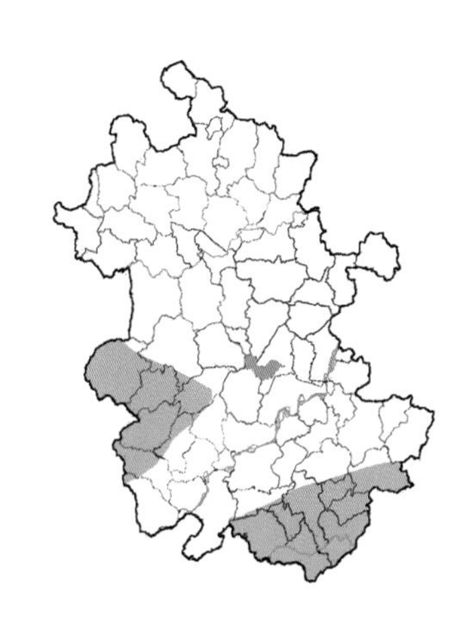

寄主: 禾本科(Gramineae)的竹亚科(Bambusoideae)植物。

分布: 安庆、池州、黄山、宣城。

15. 深山黛眼蝶 *Lethe hyrania* (Kollar, 1844)

雄蝶翅正面深棕褐色，后翅亚外缘具1列黑褐色斑，后翅外缘在M_3脉处突出。反面棕褐色，前翅中室有1枚深棕色横纹，从前翅前缘中部至后角有一深棕色线，其外侧近前缘处有浅棕色斑，亚外缘M_3室至R_5室有1列小眼斑，顶角及外缘有1列浅色斑；后翅具深棕色内中线、中室端线及外中线，M_2室外中带附近具1枚深棕色斑，亚外缘有1列黑色眼斑，具白色瞳点、淡黄色眶及灰白色外环，亚外缘线及外缘线灰白色。雌蝶与雄蝶相似，但前翅正反面从前翅前缘中部至Cu_2室外缘有一白带。

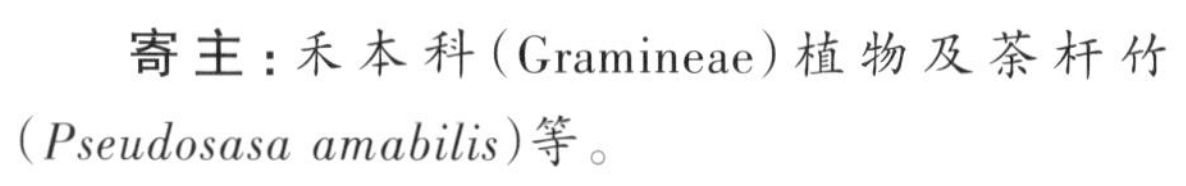

寄主：禾本科（Gramineae）植物及茶杆竹（*Pseudosasa amabilis*）等。

分布：池州、黄山、宣城。

16. 棕褐黛眼蝶 *Lethe christophi* Leech, 1891

翅正面深棕褐色,后翅亚外缘有1列黑褐色斑,外缘在M_3脉处突出,雄蝶Cu_1室基半部至Cu_2室具1枚黑色性标。反面棕褐色,前翅中室中部及端部各有1条深棕色横纹,深棕色内中线从中室上缘端部起经Cu_2脉基部抵达2A脉,外中线从前翅前缘离基部约2/3处抵达2A脉,亚外缘R_4室至M_3室有一浅色区,其中M_1室至M_3室有1列小眼斑;后翅具深棕色内中线、中室端线及外中线,亚外缘有1列小眼斑,其中M_3室眼斑中部白点很大,眼斑外侧区域棕色,前后翅亚外缘线不清晰。

寄主:禾本科(Gramineae)的竹亚科(Bambusoideae)等。

分布:池州、黄山、宣城。

3.3.3 荫眼蝶属 *Neope* Moore, [1866]

17. 蒙链荫眼蝶 *Neope muirheadi* (Felder et Felder, 1862)

翅正面深灰褐色，后翅亚外缘有1列黑褐色斑点，外缘在M_3脉处突出。反面灰褐色，前翅中室及端部各有1枚暗黄褐色斑，其中中部1枚两侧具深灰褐色线纹，后翅基部附近有数枚暗黄褐色斑点，具深灰褐色的不规则的亚基线，前后翅具很窄的白色外中带，亚外缘有1列眼斑，具深灰褐色亚外缘线及外缘线。春型个体正面亚缘斑列明显，反面后翅白色外中带退化，前翅白色外中带退化或很窄。

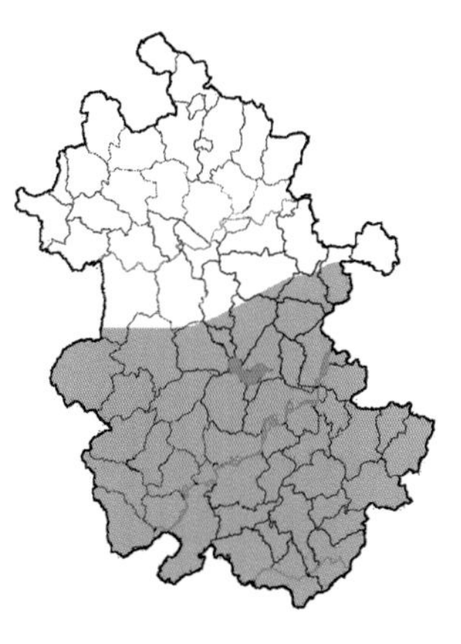

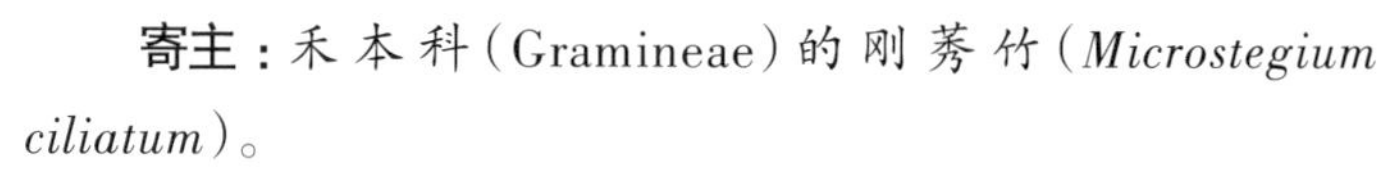

寄主：禾本科（Gramineae）的刚莠竹（*Microstegium ciliatum*）。

分布：六安、合肥、滁州、安庆、芜湖、马鞍山及长江以南各市。

18. 黄荫眼蝶 *Neope contrasta* Mell, 1923

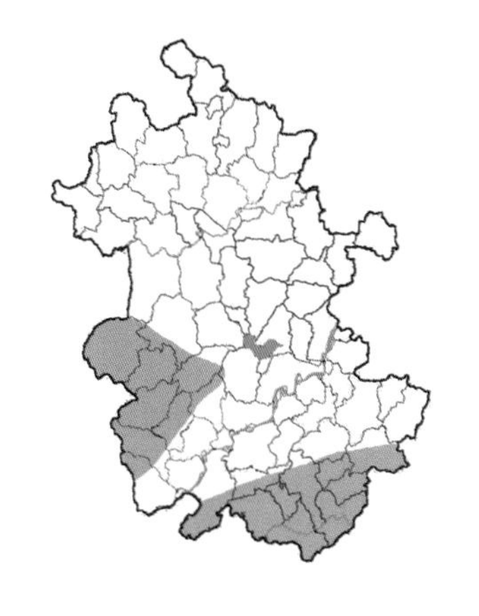

翅正面暗黄褐色，具深褐色亚外缘斑列，后翅各斑具浅黄褐色环，外缘在M_3脉处略突出。反面黄褐色，外中区至亚外缘有一深黄褐色区域；或反面灰褐色具淡紫色光泽，外中区至亚外缘有一深褐色区域。前后翅亚基部具数枚深褐色线圈，中域有模糊的深褐色带，外中区至亚外缘有1列微小的黑色眼斑，具白色瞳点，外中带退化，非常模糊，仅在前翅前缘附近有1枚浅灰白色小斑。仅春季发生一代，常见吸水。

分布：六安、安庆、池州、黄山、宣城。

19. 布莱荫眼蝶 *Neope bremeri* (Felder et Felder, 1862)

翅正面黑褐色，外中区至亚外缘具1列淡黄色斑，被中部的黑色圆斑分为两半，后翅外缘在M_3脉处略突出。反面浅灰褐色，具深褐色外缘线及亚外缘带，外中区有1列黑色眼斑，具白色瞳点及淡黄色眶，眼斑列两侧具模糊的灰白色鳞带，深褐色外中线较曲折，基半部具数枚不规则的深褐色线纹，后翅中室端有1枚黑褐色斑点。春型个体正面黄斑稍发达，前翅具1枚淡黄色中室端斑。反面前翅外中区有1列淡黄色斑，眼斑位于其上，中室内有数枚淡黄色横斑；后翅眼斑较退化，外中线与内中线之间区域颜色较深。

寄主：禾本科(Gramineae)的芒(*Miscanthus sinensis*)及竹亚科(Bambusoideae)植物。

分布：池州、黄山、宣城。

20. 大斑荫眼蝶 *Neope ramosa* Leech, 1890

与布莱荫眼蝶较近似，但反面色泽较深，前翅 Cu_1 至 M_3 室有2枚较长的淡黄色斑块，中部具黑色眼斑。本种原作黄斑荫眼蝶 *Neope pulaha* 的亚种，但翅面和生殖器均与典型的黄斑荫眼蝶有一定的区别，后被提升为种，每年夏季发生一代。

寄主： 禾本科（Gramineae）的竹亚科（Bambusoideae）植物。

分布： 六安、安庆。

21. 黑荫眼蝶 *Neope serica* (Leech, 1892)

翅正面黑褐色，前翅亚顶角有1枚浅色小斑，后翅外缘在M_3脉处略突出。反面深灰褐色，具黑褐色外缘线，外中区有1列黑色眼斑，具灰褐色眶，眼斑列两侧有浅灰色鳞带，前翅外中带黑褐色，在M_1室上方向内偏折，在Cu_1室下方向外偏折，中室内有数枚黑褐色横斑；后翅外中线和内中线之间有不清晰的暗褐色线纹，亚基部有3枚黑褐色斑。曾作为丝链荫眼蝶 *Neope yama* 的亚种，Sugiyama在1994年将其提升为种。

寄主：禾本科(Gramineae)的竹亚科(Bambusoideae sp.)植物。

分布：六安、安庆、池州、黄山、宣城。

3.3.4 丽眼蝶属 *Mandarinia* Leech, [1892]

22. 蓝斑丽眼蝶 *Mandarinia regalis* (Leech, 1889)

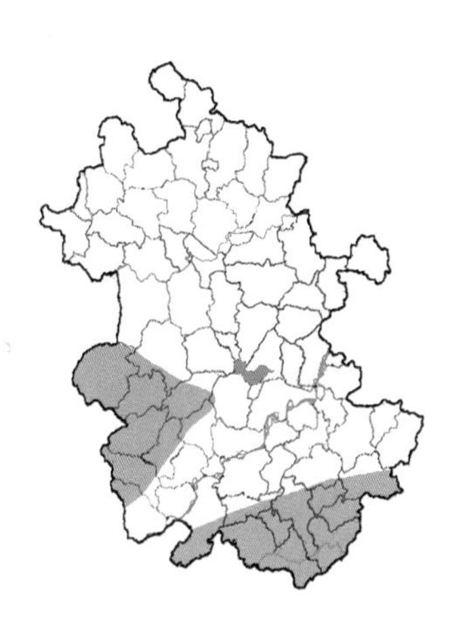

雄蝶翅正面黑褐色，前翅从近前缘至后角有1条很宽的深蓝色闪光带，后翅近基部具性标。反面深棕褐色，前后翅亚外缘各有1列眼斑，内侧有白色细带，前后翅具浅色亚外缘线及外缘线。雌蝶正面蓝带较细且弯曲，反面与雄蝶相似。常见于小溪旁的枝头，飞行迅速。

寄主：天南星科（Araceae）的石菖蒲（*Acorus tatarinowii*）。

分布：六安、安庆、池州、黄山、宣城。

3.3.5 链眼蝶属 *Lopinga* Moore, 1893

23. 黄环链眼蝶 *Lopinga achine* (Scopoli, 1763)

翅正面深褐色，亚外缘有1列椭圆形黑褐色斑，具浅黄褐色外环。反面暗黄褐色，前后翅中室内各有1枚浅褐色横斑，前翅外中区从Cu_1室至前缘有1条窄白带，在M_3脉上方向内偏折，亚外缘从R_5室至Cu_1室有1列逐渐增大的黑色眼斑，具淡黄色眶，亚外缘线及外缘线浅灰褐色；后翅外中线在M_2脉上方向内偏折，其外侧区域白色，有1列黑色眼斑，具白色瞳点、淡黄色眶及暗褐色边，安徽的标本M_2室眼斑均缺失，M_1室眼斑很小，亚外缘有两条暗褐色线。每年5~6月发生一代。

分布：六安、安庆。

3.3.6 毛眼蝶属 *Lasiommata* Westwood, 1841

24. 斗毛眼蝶 *Lasiommata deidamia* (Eversmann, 1851)

翅正面黑褐色,前翅近顶角有1枚黑色眼状斑,具白色瞳点及较弱的淡黄色眶,下侧及内侧有错开的2条灰白色短斜带,后翅亚外缘 Cu_1 室及 M_3 室具眼斑。反面灰褐色,前翅斑纹与正面相似,但中室端半部有1枚较弱的深褐色横纹,眼斑的淡黄色眶较清晰,前后翅具浅灰色亚外缘线及外缘线;后翅亚基部有数枚较弱的深褐色线纹,中带白色,内侧有深褐色边勾勒,亚外缘有1列黑色眼斑,具白色瞳点及淡黄色眶,外侧饰以波状白线。

寄主:禾本科(Gramineae)的鹅观草(*Roegneria kamoji*)、野青茅属(*Deyeuxia* sp.)等植物。

分布:淮北、宿州。

3.3.7 多眼蝶属 *Kirinia* Moore, 1893

25. 多眼蝶 *Kirinia epimenides* (Menetries, 1859)

雄蝶翅正面暗褐色，后翅亚外缘有1列黑褐色圆斑，具浅褐色环。反面浅灰褐色，沿翅脉具深褐色线纹，前翅中室内有3条深褐色横纹及1条纵纹，外中带深褐色，较曲折，在Cu_1脉下方外移，并在M_3脉上方向内偏折，近顶角处M_1室具1枚小眼斑，M_2室及R_5室各有1枚小白斑，两侧具深褐色暗带，在Cu_1脉下方外移并延伸至后角；后翅中室基部有2枚深褐色斑点，具深褐色亚基线、中室端线及中线，亚外缘有1列黑色眼斑，具白色瞳点、黄色眶及深褐色边，眼斑列外侧具模糊的暗褐色带，前后翅具暗褐色外缘线。雌蝶翅正面色稍淡，前翅可见外中带及亚外缘斑纹，反面与雄蝶相似。每年夏季发生一代。

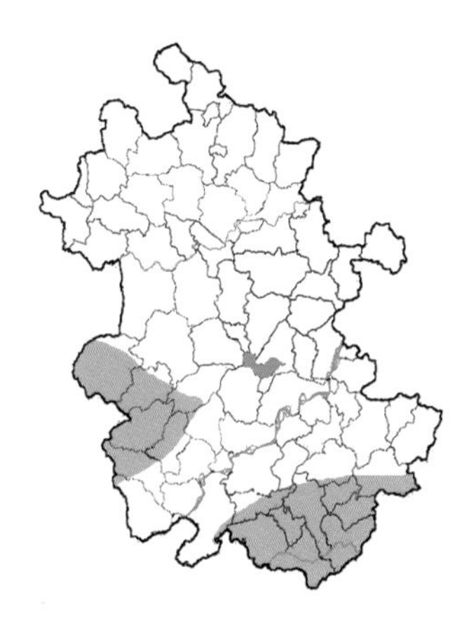

分布：六安、安庆、池州、黄山、宣城。

3.3.8 眉眼蝶属 *Mycalesis* Hübner, 1818

26. 稻眉眼蝶 *Mycalesis gotama* Moore, 1857

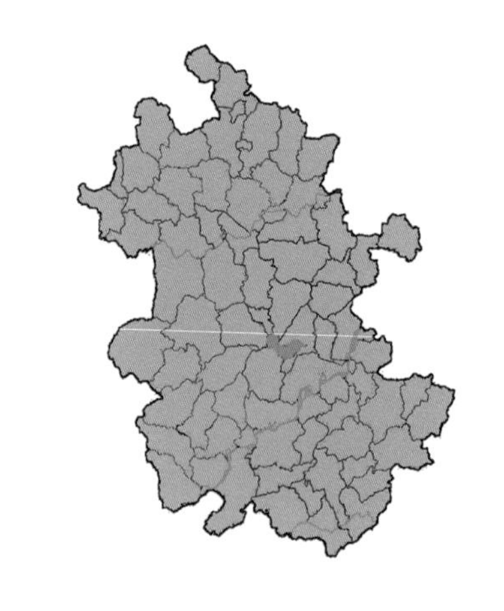

翅正面深灰褐色，前翅亚外缘有上小下大2枚黑色眼斑，具白瞳及不清晰的环。反面灰褐色，亚基部具暗褐色横纹，外中带白色，内侧具暗褐色边勾勒，亚外缘有1列黑色眼斑，具白色瞳点及淡黄色眶，其中前翅 Cu_1 室及后翅 Cu_1 室眼斑较大，前翅 M_1 室及后翅 Rs 室眼斑次之，前后翅具暗褐色波状亚外缘线及暗褐色外缘线。

寄主：禾本科（Gramineae）的水稻（*Oryza sativa*）、甘蔗（*Saccharum officinarum*）、竹类等植物。

分布：全省广布。

27. 拟稻眉眼蝶 *Mycalesis francisca* (Stoll, [1780])

近似稻眉眼蝶,但翅正反面为深灰褐色,雄蝶正面前翅2A脉内中部及后翅近基部具性标。反面中带为淡紫色。低温型个体后翅眼斑较小。

寄主:禾本科(Gramineae)的水稻(*Oryza sativa*)、芒(*Miscanthus sinensis*)等。

分布:淮南、六安、合肥、滁州、安庆、芜湖、马鞍山及长江以南各市。

28. 僧袈眉眼蝶 *Mycalesis sangaica* Butler, 1877

翅正面黑褐色，前翅亚外缘 Cu_1 室有1枚黑色眼斑，具白色瞳点，雄蝶后翅近基部具性标。反面灰褐色，基半部具斑驳的鳞纹，中带白色，其内侧具深褐色边勾勒，亚外缘有1列黑色眼斑，具白色瞳点、淡黄色眶及公共的白色外环，后翅各眼斑的瞳点近似处在一条直线上，仅Rs室眼斑中心明显内移，前后翅具灰白色亚外缘线及外缘线。

寄主：禾本科(Gramineae)的芒(*Miscanthus sinensis*)等植物。

分布：池州、黄山、宣城。

29. 小眉眼蝶 *Mycalesis mineus* (Linnaeus, 1758)

较近似稻眉眼蝶，但雄蝶正面后翅近基部具性标。反面底色偏灰色，亚外缘各眼斑均有白色外环，后翅 M_3 室有1枚较大的眼斑。低温型个体眼斑趋于退化，中带较弱。

寄主：禾本科（Gramineae）的刚莠竹（*Microstegium ciliatum*）、李氏禾（*Leersia hexandra*）。

分布：池州、黄山、宣城。

3.3.9 斑眼蝶属 *Penthema* Doubleday, [1848]

30. 白斑眼蝶 *Penthema adelma* (Felder et Felder, 1862)

翅正面褐色，前翅中室端半部有1枚白斑，从前翅前缘中部至M_2室有一组小白斑，M_3室基部至Cu_2室端部有一组大白斑，其中Cu_1室白斑最宽，外中区Cu_1室至R_5室有1列白色小圆斑，其中Cu_1室小圆斑常与内侧大白斑愈合，亚外缘有1列小白斑；后翅亚外缘区从近前缘向后有1列逐渐变小的白斑，一般仅在$Sc+R_1$室至M_1室清晰可见。反面与正面相似，但后翅外中区有1列小白点，亚外缘各斑均可见，中域偶尔有模糊的白斑列。夏季发生一代。

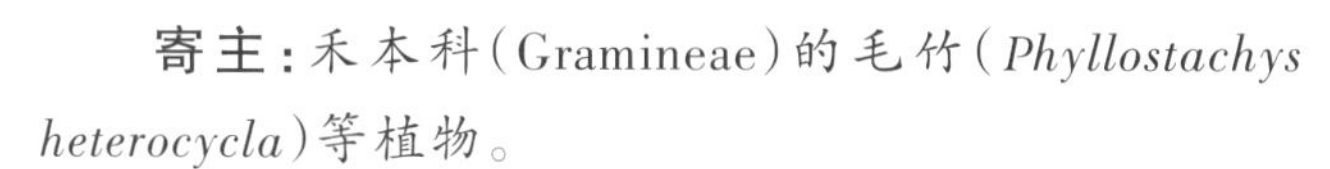

寄主：禾本科(Gramineae)的毛竹(*Phyllostachys heterocycla*)等植物。

分布：芜湖、池州、黄山、宣城。

3.3.10 白眼蝶属 *Melanargia* Meigen, 1828

31. 黑纱白眼蝶 *Melanargia lugens* Honrath, 1888

翅正面白色，翅脉黑褐色，前翅外缘具黑褐色边，亚顶区及中室端外侧各有1条边界模糊的黑褐色带，向下延伸至Cu_1室，Cu_2室至2A室具黑褐色带；后翅近基部、外中区至外缘各有一黑褐色区域，其中M_1室端半部具1枚白斑。反面白色，具黑褐色外缘线及亚外缘线，后翅有一黑褐色较细的曲折中横线，亚缘线波状，内侧具一黑褐色暗带，其上Cu_2室至M_3室及M_1室至Rs室均有眼斑，具蓝灰色瞳点，其余斑纹与正面相似。于夏季发生一代。

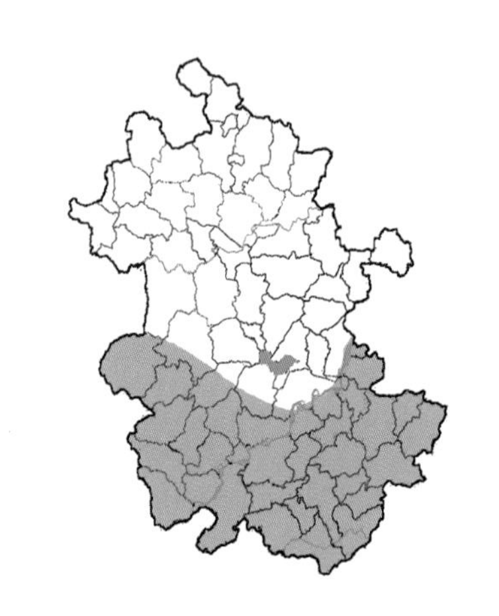

寄主：禾本科(Gramineae)的竹类等。

分布：六安、安庆、芜湖、池州、黄山、宣城。

32. 曼丽白眼蝶 *Melanargia meridionalis* Felder et Felder, 1862

翅正面黑褐色。反面黄白色,翅脉黑褐色,具黑褐色外缘线及亚外缘线,前翅亚顶区及中室端外侧各有1条边界模糊的黑褐色带,向下延伸至Cu_1室,Cu_2室至2A室黑褐色;后翅有一黑褐色较细的曲折中横线,亚缘线波状,内侧具一黑褐色暗带,其上Cu_2室至M_3室及M_1室至Rs室均有眼斑,具蓝灰色瞳点,Cu_2室有1条黑褐色纵线。与黑纱白眼蝶较近似,但反面底色偏黄,前翅亚顶角M_2室至R_5室白斑内缘与后缘夹角较小。每年夏季发生一代。

寄主:禾本科(Gramineae)。

分布:六安、安庆。

3.3.11 蛇眼蝶属 *Minois* Hübner, [1819]

33. 蛇眼蝶 *Minois dryas* (Scopoli, 1763)

翅正面深灰褐色，前翅亚外缘 Cu_1 室及 M_1 室各有 1 枚黑色眼斑，具蓝色瞳点；后翅外缘波状，亚外缘 Cu_1 室有 1 枚黑色眼斑，具蓝色瞳点。反面灰褐色，具细密的鳞纹，前后翅亚外缘眼斑具黄色环，外侧有模糊的深色带，后翅有 1 条灰白色中带。

寄主：禾本科(Gramineae)的水稻(*Oryza sativa*)等植物。

分布：六安、合肥、滁州、安庆、芜湖、马鞍山及长江以南各市。

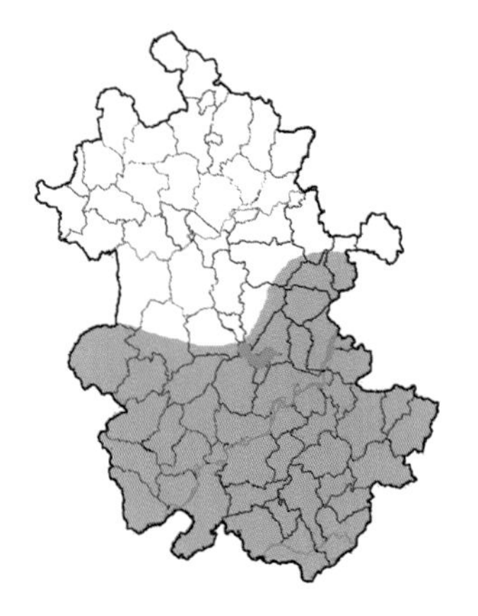

3.3.12 绢眼蝶属 *Davidina* Oberthür, 1879

34. 绢眼蝶 *Davidina armandi* Oberthür, 1879

据 Nakatani et Tera(2012),*Davidina alticola* 应为本种之异名。翅正面白色,沿翅脉具灰黑色条纹,前后翅中室各有2条黑色纵线,亚外缘至外缘具灰褐色鳞区,各室中部有灰黑色纵线。反面与正面相似,但亚外缘至外缘无灰褐色鳞区。每年5~6月发生一代。

寄主: 莎草科(Cyperaceae)。

分布: 六安、安庆。

3.3.13　矍眼蝶属 *Ypthima* Hübner, 1818

35. 阿矍眼蝶 *Ypthima argus* Butler, 1866

小型矍眼蝶。翅正面灰褐色，前翅亚顶角有1枚黑色眼斑，具2枚蓝白色瞳点及较弱的黄色环，眼斑位于一浅于底色的宽带中；后翅亚外缘M_3室及Cu_1室各有1枚黑色眼斑，具蓝白色瞳点及较弱的黄色环。反面密布灰白色鳞纹，前翅亚顶角有1枚黑色眼斑，具2枚蓝白色瞳点及淡黄色眶，后翅亚外缘Cu_2室至M_3室及M_1室至Rs室有6枚眼斑，具蓝白色瞳点及淡黄色眶，其中Cu_2室有2枚很小的眼斑，前后翅基半部、中部及前翅亚外缘各有一灰褐色暗带。非常近似矍眼蝶，但前翅正面性标较弱。春型个体反面具一棕褐色中带，后翅眼斑趋于退化。以蛹越冬。

寄主：禾本科的结缕草(*Zoysia japonica*)等植物。

分布：六安、安庆、芜湖、马鞍山及长江以南各市。

36. 幽矍眼蝶 *Ypthima conjuncta* Leech, 1891

中型矍眼蝶。翅正面灰褐色,前翅亚顶角有1枚黑色眼斑,具2枚蓝白色瞳点,雌蝶具黄色环;后翅亚外缘有1列眼斑。反面密布灰白色鳞纹,前翅亚顶角有1枚黑色眼斑,具2枚蓝白色瞳点及淡黄色眶,后翅亚外缘Cu_2室至M_3室及M_1室至Rs室有5枚眼斑,具蓝白色瞳点及淡黄色眶,其中Cu_2室眼斑具2枚瞳点,前后翅基半部、中部及前翅亚外缘各有一灰褐色暗带。分布海拔较高,夏季发生一代。

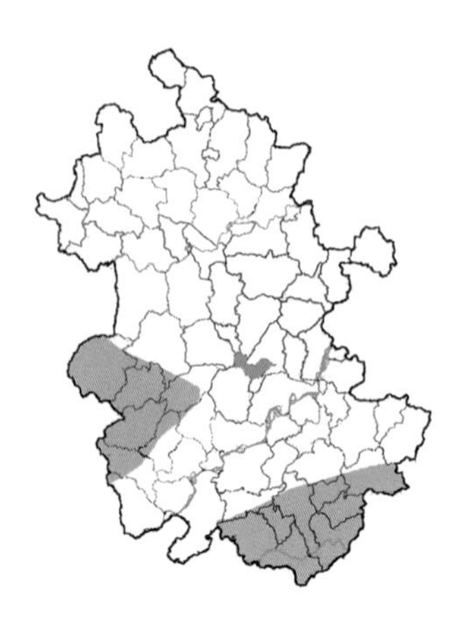

寄主:禾本科(Gramineae)的棕叶狗尾草(*Setaria palmifolia*)等植物。

分布:六安、安庆、池州、黄山、宣城。

37. 密纹矍眼蝶 Ypthima multistriata Butler, 1883

小型矍眼蝶。翅正面灰褐色，前翅亚顶角有1枚黑色眼斑，具2枚蓝白色瞳点，雌蝶具黄色环，雄蝶中域具黑色香鳞区；后翅亚外缘Cu_1室有1枚眼斑。反面密布灰白色鳞纹，前翅亚顶角有1枚黑色眼斑，具2枚蓝白色瞳点及淡黄色眶，后翅亚外缘Cu_2室、Cu_1室及M_1室至$Sc+R_1$室有3枚眼斑，具蓝白色瞳点及淡黄色眶，其中Cu_2室眼斑具2枚瞳点，前翅中部及前后翅亚外缘各有一灰褐色暗带。

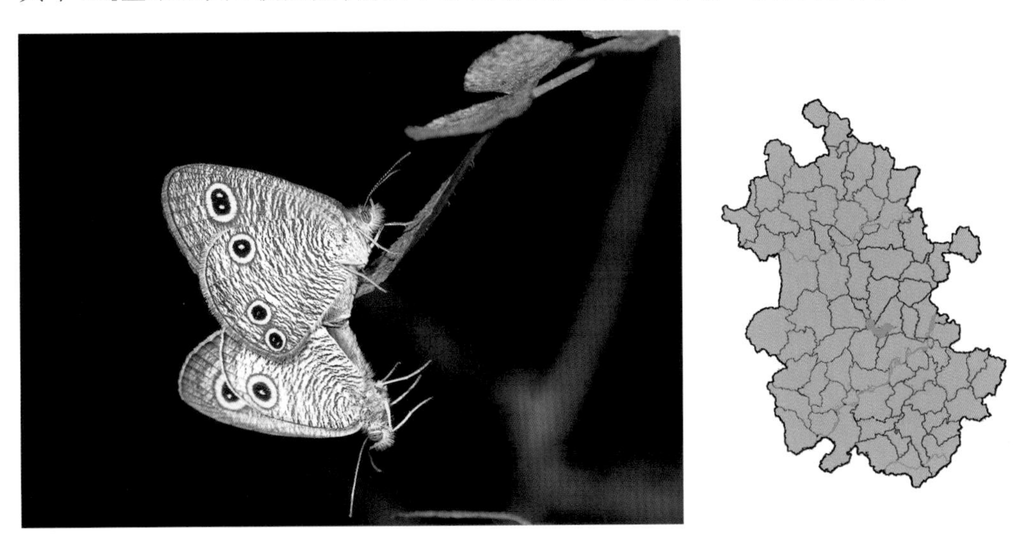

寄主：禾本科(Gramineae)的棕叶狗尾草(*Setaria palmifolia*)等植物。

分布：全省广布。

38. 东亚矍眼蝶 *Ypthima motschulskyi* (Bremer et Gray, 1853)

小型矍眼蝶。较近似密纹矍眼蝶，但前翅正面淡色区域不明显，反面眼斑下方的白色鳞纹一般很少抵达 Cu_2 室，雄蝶抱器瓣端部细长。

寄主： 禾本科(Gramineae)植物。

分布： 六安、淮南、合肥。

39. 暗矍眼蝶 *Ypthima sordida* Elwes et Edwards, 1893

小型矍眼蝶。与密纹矍眼蝶较近似，但前翅正面眼斑所处的淡色区域不明显，反面白色鳞纹较少，整体底色较深，后翅Rs室眼斑远离外缘而向基部偏移。雄蝶抱器瓣细长，近端部有横向弯折。于5~6月发生一代。

分布：六安、安庆。

40. 乱云矍眼蝶 *Ypthima megalomma* Butler, 1874

中型矍眼蝶。翅正面灰褐色，前翅亚顶角有1枚黑色眼斑，具2枚蓝白色瞳点及黄色环；后翅亚外缘Cu_1室有1枚黑色眼斑，具蓝白色瞳点及黄色环。反面棕褐色，前翅亚顶角有1枚黑色眼斑，具2枚蓝白色瞳点及淡黄色眶，其外侧从顶角至M_3室有灰白色鳞带；后翅基半部中室下方及端半部有一灰白色鳞区，亚外缘Cu_1室眼斑常退化。仅春季发生一代，以蛹越冬。

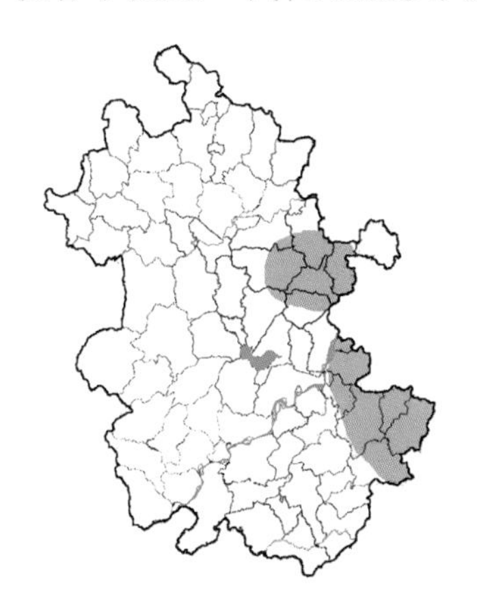

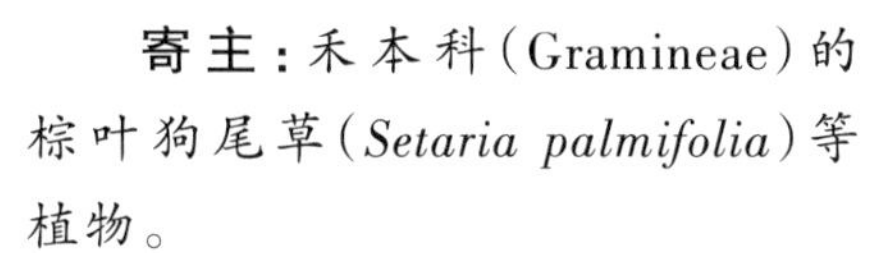

寄主：禾本科（Gramineae）的棕叶狗尾草（*Setaria palmifolia*）等植物。

分布：滁州、马鞍山、宣城。

41. 黎桑矍眼蝶 *Ypthima lisandra* (Cramer, [1780])

小型矍眼蝶。翅正面棕褐色，前翅亚顶角有1枚黑色眼斑，雌蝶具黄色环，后翅亚外缘Cu_2室及M_3室各有1枚眼斑。反面具细密的灰白色鳞纹，前翅亚顶角有1枚黑色眼斑，具2枚蓝白色瞳点及黄色环；后翅亚外缘Cu_2室至M_3室及M_1室至Rs室有6枚眼斑，具蓝白色瞳点及淡黄色眶，其中Cu_2室2枚眼斑经常融合为1枚，Cu_2室至M_3室眼斑瞳点大致位于同一直线上。

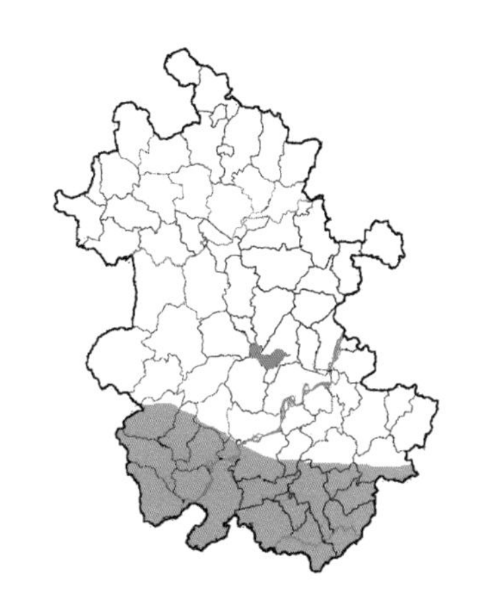

寄主：禾本科(Gramineae)的芒(*Miscanthus sinensis*)、金丝草(*Pogonatherum crinitum*)等植物。

分布：安庆、池州、黄山、宣城。

42. 中华矍眼蝶 *Ypthima chinensis* Leech, 1892

中型矍眼蝶。翅正面灰褐色，前翅亚顶角有1枚黑色眼斑，后翅亚外缘 Cu_2室及 Cu_1室也各有1枚眼斑。反面灰白色鳞纹各处较均匀，眼斑排列与密纹矍眼蝶略近似，但 Cu_2室及 Cu_1室眼斑明显内移。

分布：池州、黄山、宣城。

43. 前雾矍眼蝶 *Ypthima praenubila* Leech, 1891

中型矍眼蝶。翅正面灰褐色,前翅亚顶角有1枚黑色眼斑,具2枚蓝白色瞳点及黄色环;后翅亚外缘Cu_1室有1枚黑色眼斑,具蓝白色瞳点及黄色环。反面密布灰白色鳞纹,前翅亚顶角有1枚黑色眼斑,具2枚蓝白色瞳点及淡黄色眶,后翅亚外缘Cu_2室、Cu_1室、M_3室及M_1室至$Sc+R_1$室有4枚眼斑,其中Cu_2室眼斑具2枚瞳点,M_3室眼斑有时很小或消失。

寄主:禾本科(Gramineae)的金丝草(*Poyonatherum crinitinum*)等植物。

分布:池州、黄山、宣城。

44. 大波矍眼蝶 *Ypthima tappana* Matsumura, 1909

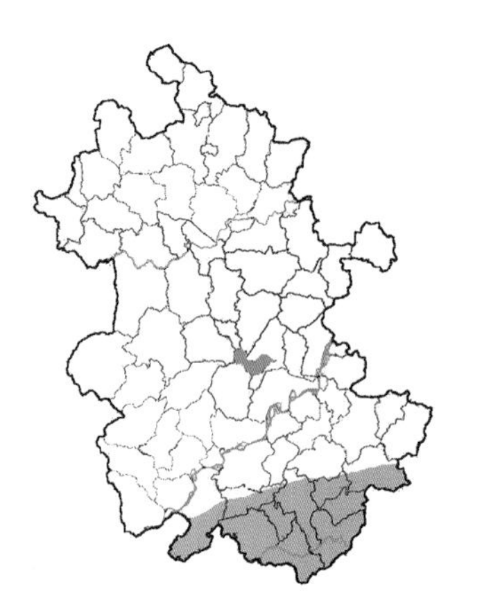

中型矍眼蝶。与前雾矍眼蝶较近似，但后翅Rs室眼斑并不比Cu_1室眼斑大。雄蝶前翅外缘较平直。

寄主：禾本科（Gramineae）植物。

分布：池州、黄山、宣城。

45. 华夏矍眼蝶 *Ypthima sinica* Uémura et Koiwaya, 2000

小型矍眼蝶。翅正面灰褐色，前翅亚顶角有1枚黑色眼斑，具2枚蓝白色瞳点及很细的黄色外环，眼斑位于一略浅于底色的宽带中，宽带向下逐渐变窄并抵达Cu_2室，雄蝶香鳞区不可见；后翅亚外缘Cu_1室有1枚黑色眼斑，具蓝白色瞳点及黄色环。反面密布较细的灰白色鳞纹，眼斑排列略近似密纹矍眼蝶。于5~6月发生一代。

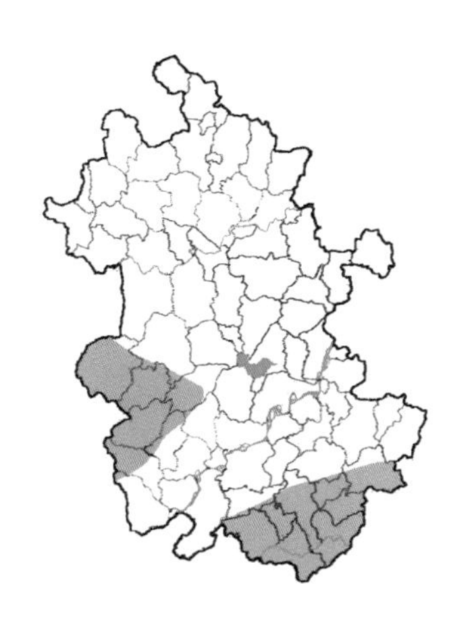

分布：六安、安庆、黄山、宣城。

46. 普氏矍眼蝶 *Ypthima pratti* Elwes, 1893

翅正面灰褐色,外中区有一浅色宽带,前翅亚顶角有1枚眼斑位于浅色宽带中,宽带向下逐渐变窄并抵达Cu_2室;后翅Cu_2室、Cu_1室、M_3室、M_1室及Rs室各有1枚眼斑,其中Cu_1室眼斑最大,M_3室眼斑很小。反面密布灰白色鳞纹,前翅深灰色亚外缘线在Cu_2室和Cu_1室明显,Cu_1室基部至Cu_2室基半部有一深灰色区,前后翅眼斑排列与正面相似。

分布:黄山、宣城。

3.3.14 古眼蝶属 *Palaeonympha* Butler, 1871

47. 古眼蝶 *Palaeonympha opalina* Butler, 1871

翅正面褐色，前翅亚外缘 M_1 室及后翅亚外缘 Cu_1 室各有1枚黑色眼斑，具2枚银白色瞳点及黄色眶，后翅亚外缘 M_1 室有1枚模糊的深褐色圆斑，前后翅具深褐色中带、亚外缘线及外缘线。反面浅灰褐色，前翅眼斑与正面相似，其下方有3枚棕褐色斑，后翅亚外缘 Cu_2 室、Cu_1 室及 M_1 室各有1枚眼斑，M_3 室及 M_2 室有2枚棕褐色斑，中央具银白色点，前后翅中域具2条棕褐色横线，亚外缘及外缘各有1条深褐色线。

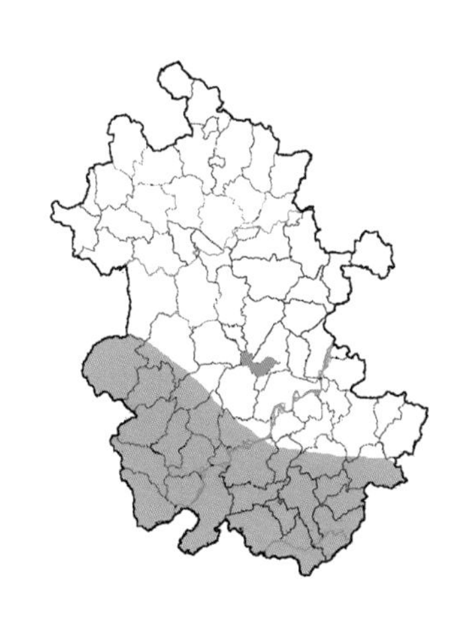

寄主：禾本科（Gramineae）的淡竹叶（*Lophatherum gracile*）等植物。

分布：六安、安庆、池州、黄山、宣城。

3.3.15 舜眼蝶属 *Loxerebia* Watkins, 1925

48. 比尔舜眼蝶 *Loxerebia pieli* Huang, 2003

翅正面黑褐色,前翅亚顶角有1枚黑色眼斑,具2枚蓝白色瞳点及较弱的黄褐色环。反面灰褐色,前翅外中域至基部棕褐色,亚顶角有1枚眼斑,后翅散布灰白色鳞片,中线棕褐色,外中区有时具白色细点。与白瞳舜眼蝶*Loxerebia saxicola*非常相似,区别如下:前翅反面外中域至基部并不具有红色色泽,眼斑的浅色外环十分明显,后翅中横线波折角度较小。每年夏秋季发生一代。

分布:六安、安庆。

3.3.16 珍眼蝶属 *Coenonympha* Hübner, [1819]

49. 爱珍眼蝶 *Coenonympha oedippus* (Fabricius, 1787)

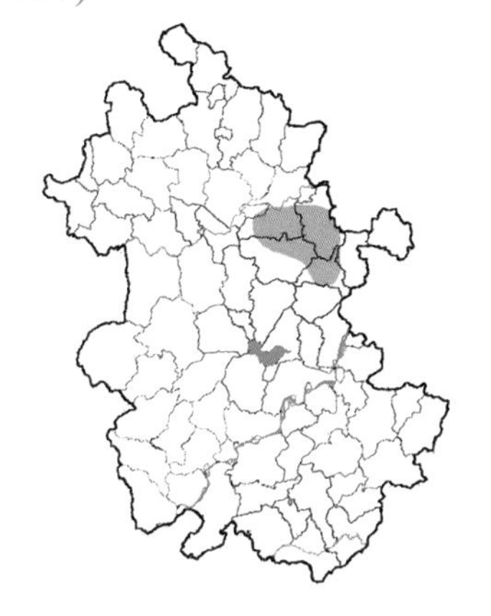

翅正面深褐色。反面底色为黄褐色,前后翅亚外缘各有1列眼斑,具白色瞳点及淡黄色眶,前翅眼斑外侧有1条深褐色带,前后翅具很细的银灰色外缘线。

寄主:莎草科(Cyperaceae)植物。

分布:滁州。

3.3.17 阿芬眼蝶属 *Aphantopus* Wallengren, 1853

50. 大斑阿芬眼蝶 *Aphantopus arvensis* (Oberthür, 1876)

雄蝶翅正面深褐色，前翅M_2室、M_3室及后翅Cu_1室、M_3室各有1枚眼斑，具白色瞳点及模糊的黄褐色环。反面灰褐色，前翅外中线至亚外缘线之间区域颜色稍浅，眼斑与正面相似，具较清晰的淡黄色眶，后翅外中线至亚外缘线之间区域灰白色，Cu_2室至M_3室亚外缘有3枚眼斑，M_1室至Rs室基半部有2枚接近融合的眼斑，具公共的淡黄色眶，前后翅具深褐色外缘线。雌蝶与雄蝶相似，但眼斑很大。7~8月发生一代，仅高海拔可见。

分布：黄山。

3.4 闪蝶亚科 Morphinae

3.4.1 串珠环蝶属 *Faunis* Hübner, [1819]

51. 灰翅串珠环蝶 *Faunis aerope* (Leech, 1890)

翅正面浅灰色,雄蝶后翅前缘有一簇毛丛;翅反面灰色,前后翅基部、中域和外侧有3条棕褐色波状横带,外横带内侧有1列大小不等的白色圆点。多在阴暗的林中活动,数量不多。

寄主:菝葜(*Smilax china*)、芭蕉(*Musa basjoo*)等植物。

分布:池州、黄山。

3.4.2 箭环蝶属 *Stichophthalma* Felder et Felder, 1862

52. 箭环蝶 *Stichophthalma howqua* (Westwood, 1851)

翅橙黄色,前翅顶角黑色,前后翅外缘有1列黑色的鱼形斑纹,臀角处的2枚清晰而互相分离(据此可与*Stichophthalma suffusa*区别),雄蝶后翅前缘有一簇毛丛;翅反面有2条波状外缘线,外中域有1列眼斑,眼斑内侧为暗色鳞区,雌蝶在鳞区内侧有1条较明显的白色带,中域和靠近基部处有2条黑色波状线,前翅中室端有1条黑线。与青城箭环蝶*Stichophthalma neumogeni*较近似,但后者个体较小,后翅反面中室内有一多余的小黑斑,雌蝶前翅顶角有1枚小白斑。常见于林间小路,飞行缓慢但飘忽不定,喜吸食树汁和腐烂水果。每年夏季发生一代,以幼虫越冬。

寄主:禾本科(Gramineae)的毛竹(*Phyllostachys heterocycla*)等植物。

分布:池州、黄山、宣城。

3.5 釉蛱蝶亚科 Heliconninae

3.5.1 珍蝶属 *Acraea* Fabricius, 1807

53. 苎麻珍蝶 *Acraea issoria* (Hübner, [1819])

翅较狭长，橙黄色，翅脉深色，外缘黑色带嵌有淡色斑点，雄蝶前翅有1枚黑色中室端斑，雌蝶在中室端斑内外各有1条黑色横斑，此外靠近后缘处有1枚黑斑。反面黑纹不如正面发达，后翅亚外缘有1条橙红色窄带。飞行缓慢，多见于林区光线好的地方，数量较多。一年发生三代，以幼虫越冬。

寄主：荨麻科(Urticaceae)的苎麻(*Boehmeria nivea*)。

分布：六安、合肥、安庆、芜湖、马鞍山及长江以南各市。

3.5.2 豹蛱蝶属 *Argynnis* Fabricius, 1807

54. 绿豹蛱蝶 *Argynnis paphia* (Linnaeus, 1758)

雌雄异型。雄蝶正面橙黄色,前翅翅脉上有4条粗长的黑色性标,雌蝶翅正面为橙褐色或灰绿色,黑斑比雄蝶发达。前翅中室内有4条短纹,翅端部有3列黑色圆斑;后翅中部有1条不规则的波状横线,端部有3列圆斑。反面前翅有波状的中横线,端部有3列黑色圆斑,顶端部灰绿色;后翅灰绿色,有金属光泽,无黑斑,基部到中部有3条白色斜线,亚外缘有白色线及眼斑。多见于林区附近的开阔地带,喜访花。

寄主:堇菜科(Violaceae)的紫花地丁(*Viola philippica*)、长萼堇菜(*Viola inconspicua*)等植物。

分布:六安、安庆、池州、黄山、宣城。

55. 云豹蛱蝶 *Argynnis anadyomene* (Felder et Felder, 1862)

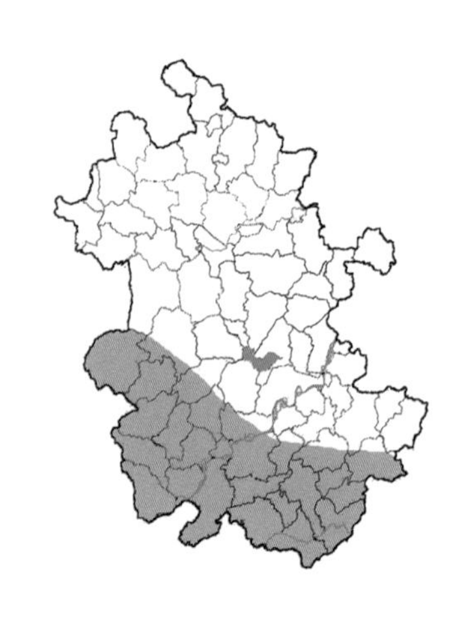

翅橙黄色，前翅中室内有3个黑色纹，除基部外布满黑色圆斑，外缘斑呈菱形，雄蝶前翅 Cu_2 脉上有1条黑褐色性标，雌蝶前翅顶角附近有1枚小白斑。反面淡灰绿色，前翅顶角及外部的黑斑消失，后翅无黑斑，有扭曲的灰白色中带，外侧有数枚具白瞳的暗斑。常见于林区附近的开阔地带，喜访花。

寄主：堇菜科(Violaceae)植物。

分布：六安、安庆、池州、黄山、宣城。

56. 斐豹蛱蝶 *Argynnis hyperbius* (Linnaeus, 1763)

雌雄异型。雄蝶翅橙黄色,后翅外缘黑色具蓝白色细弧纹,翅面布满黑色斑点,雌蝶个体较大,前翅端半部紫黑色,其中有1条白色斜带,其余与雄蝶相似。反面前翅顶角暗绿色有小斑;后翅斑纹暗绿色,亚外缘内侧有5个银白色小点,围有绿色环,中区斑列的内侧或外侧具黑线,此斑多近方形,基部有3个围有黑边的圆斑,中室内的一个有白点,另有数个不规则纹。最常见的豹蛱蝶之一,多见于开阔地带,喜访花。

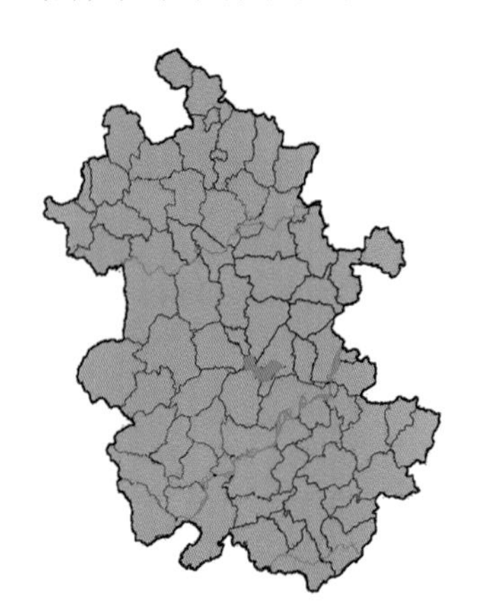

寄主:堇菜科(Violaceae)堇菜属(*Viola* spp.)的多种植物。

分布:全省广布。

57. 青豹蛱蝶 *Argynnis sagana* (Doubleday, [1847])

雌雄异型。雄蝶翅橙黄色，前翅 M_3、Cu_1、Cu_2、2A 脉上各有 1 个黑色性标，中室内有 1 枚黑线围成的肾形斑，外侧另有 2 枚黑斑；后翅有一黑色中横线。前后翅外中区有 1 列黑色椭圆斑，外缘和亚外缘也各有 1 列黑斑。反面与正面相似，后翅反面中部有 1 条从前缘抵达后角的白色横带，外侧为淡青色区域，内侧有 2 条褐色线，在中室下方合并为 1 条。雌蝶翅青黑色，前翅端半部白斑组成 1 条斜带，中室和 Cu_1 室内侧各有 1 枚白斑，亚外缘白斑上有 2 列不规则的黑斑，在顶区处模糊，顶角附近有 1 枚小白斑；后翅有 1 条曲折的白色中带，中带至外缘有 3 列黑斑，最外面 2 列黑斑间为 1 列白斑。反面与正面相似，但色较浅，前翅黑斑较小，中室内有 1 枚黑线围成的肾形斑，外侧另有 2 枚黑斑，后翅中室内有 1 枚线状白斑，与上方 $Sc+R_1$ 室内白斑相连，中带外侧的黑斑退化消失。

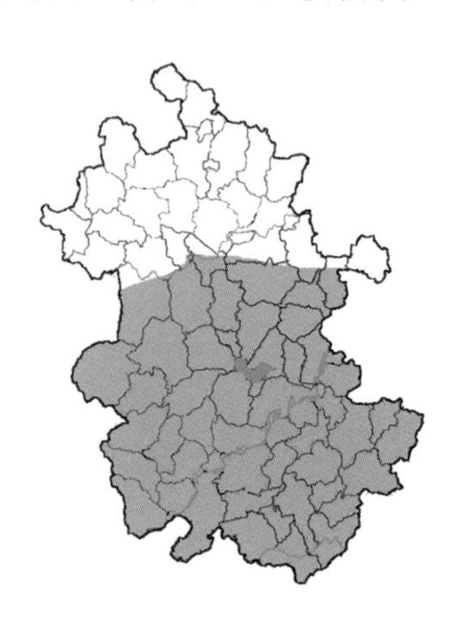

寄主：堇菜科（Violaceae）的心叶堇菜（*Viola concordifolia*）等植物。

分布：六安、淮南、合肥、滁州、安庆、芜湖、马鞍山及长江以南各市。

58. 老豹蛱蝶 *Argynnis laodice* (Pallas, 1771)

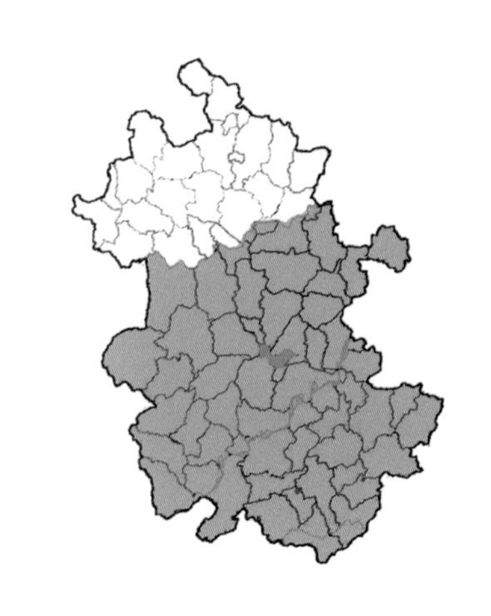

雄蝶翅橙黄色，前翅 Cu_2、2A 脉上各有 1 个黑色性标，中室内有 1 枚黑线围成的肾形斑，外侧另有 2 枚黑斑；后翅中室端有 1 枚黑斑。前后翅中带为 1 列曲折排列的黑斑，外中区、亚外缘及外缘各有 1 列黑斑。反面与青豹蛱蝶相似，但前翅中部黑斑发达，中室中部为一垂直前缘的黑色线纹，后翅基半部的 2 条红棕色线互相平行而不汇合。雌蝶与雄蝶相似，但前翅顶角附近有 1 枚小白斑。

寄主： 堇菜科(Violaceae)的堇菜属(*Viola* spp.)植物。

分布： 淮南、六安、合肥、滁州、安庆、芜湖、马鞍山及长江以南各市。

59. 银豹蛱蝶 *Argynnis childreni* Gray, 1831

翅正面橙黄色,后翅Cu_2室至M_2室端半部蓝灰色,黑色斑点排布略近似老豹蛱蝶,但外缘斑列较窄,后翅中斑列在M_2室向外突出,各斑较小,彼此分离,雄蝶前翅Cu_1、Cu_2、2A脉上各有1个灰色性标。反面前翅橙红色,顶角暗绿色,斑纹与正面相似;后翅暗绿色,外缘白色,上有1条黑线,亚外缘Cu_2室至Rs室有1条白线,外中区从臀角至前缘有1条白带,两侧饰以黑边,基半部有数条白带或白线,多饰以黑边。

分布:池州、黄山、宣城。

60. 灿福豹蛱蝶 *Argynnis adippe* (Rottemburg, 1775)

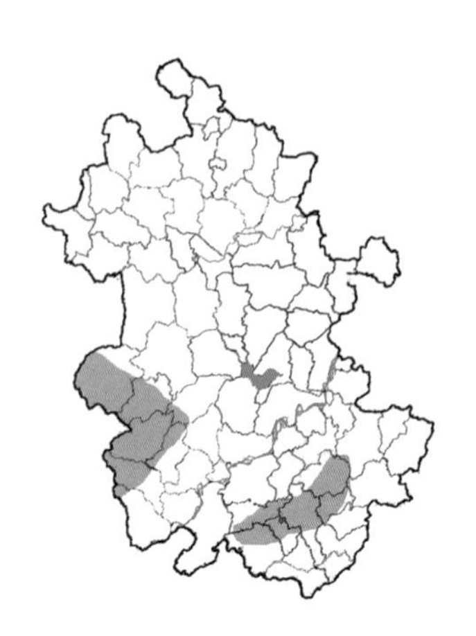

翅橙黄色，雄蝶前翅Cu_1、Cu_2脉上各有1个黑色性标，中室内有1枚黑线围成的肾形斑，外侧另有2枚黑斑；后翅中室及中室端各有1枚黑斑。前后翅中带为1列曲折排列的黑斑，其中后翅各黑斑相连，外中区有1列大小不一的椭圆形黑斑，亚外缘为1列飞鸟形黑斑，外缘黑线在翅脉处扩大为黑点。前翅反面与正面相似，但顶角附近为银白色和灰绿色斑，后翅反面为灰绿色，基半部散布银白色斑，中域银白色斑排成1列，其外侧为1列暗褐色眼状斑及飞鸟形斑，雌蝶飞鸟形斑外侧为银白色斑。分布海拔较高，每年夏季发生一代。

寄主：堇菜科(Violaceae)。

分布：六安、安庆、黄山。

3.6 蛱蝶亚科 Nymphalinae

3.6.1 枯叶蛱蝶属 *Kallima* Doubleday, [1849]

61. 枯叶蛱蝶 *Kallima inachus* (Doyère, 1840)

翅正面黑褐色，具深蓝色光泽，前翅顶角尖出，顶区有1枚小白点，中部有1条倾斜的橙色斑带，从前缘延伸至Cu_2室外缘，Cu_1室中部有1枚黑色圆斑，其内部有1枚小白斑；后翅臀角突起呈叶柄状。前后翅亚外缘有波状黑线。反面翅色多变，模仿枯叶形态，从前翅顶角至后翅臀角有1条黑色中线，两侧有叶脉状斑纹及深色斑点，前翅Cu_1室中部有1枚小白斑。

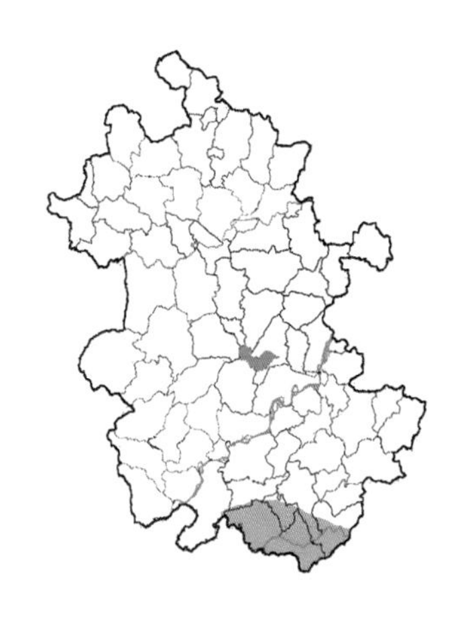

寄主：爵床科(Acanthaceae)的马蓝属(*Pteracanthus* spp.)植物。
分布：池州、黄山。

3.6.2 琉璃蛱蝶属 *Kaniska* Moore, [1899]

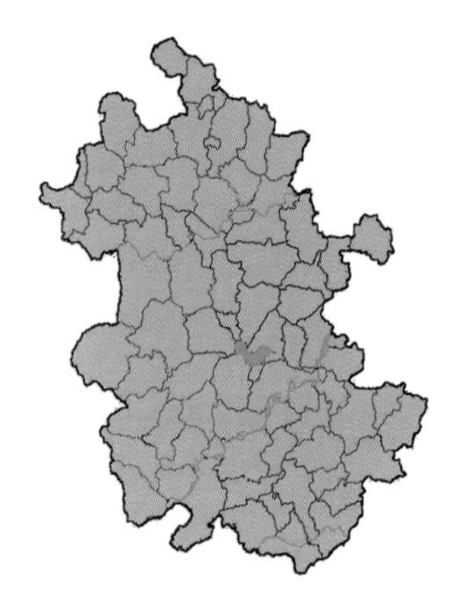

62. 琉璃蛱蝶 *Kaniska canace* (Linnaeus, 1763)

翅黑色，前翅 Cu_2 脉及 M_1 脉突出，后翅 M_3 脉突出。正面外中区有1条蓝紫色带，中室端外侧有1枚蓝紫色斜斑，外中带在前翅顶角附近为蓝白色。翅反面为斑驳的深色鳞纹，有1条宽阔的黑褐色中带，后翅中室端有1枚小白斑，以成虫越冬。

寄主： 菝葜（*Smilax china*）等植物。

分布： 全省广布。

3.6.3 钩蛱蝶属 *Polygonia* Hübner, [1819]

63. 黄钩蛱蝶 *Polygonia c-aureum* (Linnaeus, 1758)

夏型翅橙黄色,前翅 Cu_2脉及 M_1脉突出,后翅 M_3脉突出,翅外缘较尖锐。正面前翅中室内通常有3枚黑斑,中室端有1枚黑色斜斑,外中区为1列呈"Z"形排列的黑斑,后翅基半部及外中区散布数枚黑斑,其中外中区黑斑上具蓝点,前后翅亚外缘有波状黑带。反面浅黄色,中带为深棕色的斑驳纹路,与正面各黑斑对应位置为深棕色的暗纹,后翅中室端有一钩状银白色小斑。秋型体型较小,翅色较深,反面为深红褐色,以成虫越冬。

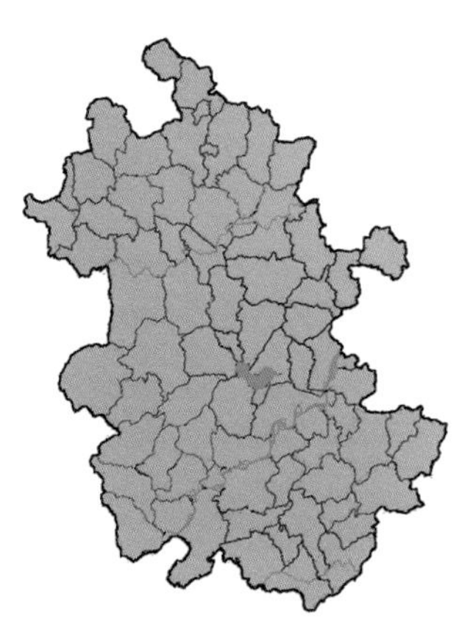

寄主:葎草(*Humulus scandens*)等植物。

分布:全省广布。

64. 白钩蛱蝶 *Polygonia c-album* (Linnaeus, 1758)

与黄钩蛱蝶较近似,个体稍小。但前翅中室基部无黑斑,前后翅外中区黑斑上无蓝点,翅外缘较圆滑,反面亚外缘有数枚小蓝绿色斑。夏型颜色稍浅,反面为橙黄色,有深褐色中带,秋型个体较小,颜色深,反面为灰色,有深灰色中带,以成虫越冬。

寄主:榆科(Ulmaceae)的榆树(*Ulmus pumila*)、朴树(*Celtis sinensis*),荨麻科(Urticaceae)的荨麻(*Urtica fissa*),杨柳科(Salicaceae)的柳树(*Salix babylonica*)等植物。

分布:长江以北各市。

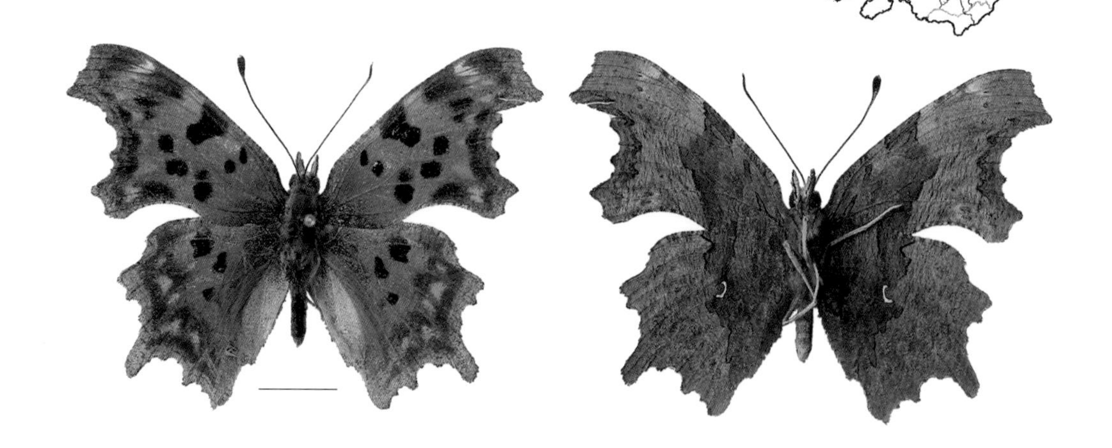

65. 中型钩蛱蝶 *Polygonia extensa* (Leech, 1892)

与白钩蛱蝶非常近似，但体型很大。本种可能仅具浅色型而无深色型现象。也有的文献将其作为白钩蛱蝶的亚种。

分布：池州、黄山、宣城。

3.6.4 红蛱蝶属 *Vanessa* Fabricius, 1807

66. 大红蛱蝶 *Vanessa indica* (Herbst, 1794)

前翅顶角突出，端半部黑色，顶角附近有数枚小白斑，中室端外侧有3枚相连的白斑，基区及后缘为棕灰色，中部为1条宽阔的橙红色斜带，其上有3枚不规则的黑斑，后翅棕灰色，亚外缘橙红色，内侧及其上各有1列黑斑，臀角黑斑上有蓝灰色鳞片；前翅反面斑纹与正面相似，但顶角为棕绿色，有浅色的亚外缘线，中室端部有1条蓝线，后翅反面棕绿色，有深色斑块及白色细线，亚外缘有不明显的眼状斑纹，及1列蓝灰色短条纹，以成虫越冬。

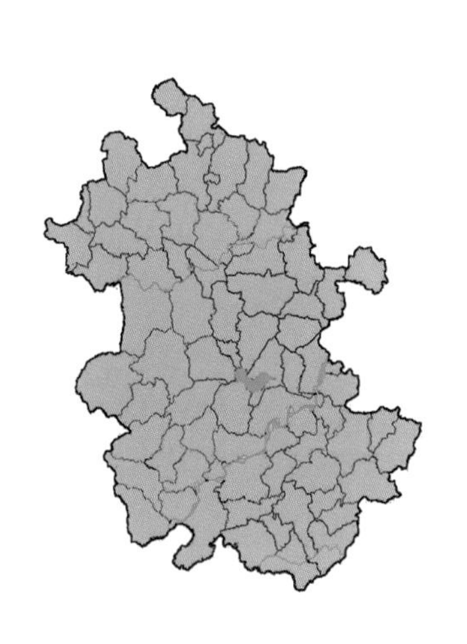

寄主：荨麻科(Urticaceae)的荨麻(*Urtica fissa*)、苎麻(*Boehmeria nivea*)，榆科(Ulmaceae)的榆树(*Ulmus pumila*)等。

分布：全省广布。

67. 小红蛱蝶 *Vanessa cardui* (Linnaeus, 1758)

与大红蛱蝶略近似，但个体稍小，橙色斑较浅，前翅顶角突出不明显，Cu_2室内侧的橙色斑大，后翅正面橙色区抵达中室，亚外缘有椭圆形黑斑列；反面色更浅，后翅中室端有1枚近三角形的白斑，亚外缘眼状斑较明显，以成虫越冬。

寄主：榆科（Ulmaceae）的榆树（*Ulmus pumila*），豆科（Leguminosae）的大豆（*Glycine max*），菊科（Compositae）的艾（*Artemisia argyi*）等。

分布：全省广布。

3.6.5 眼蛱蝶属 *Junonia* Hübner, [1819]

68. 翠蓝眼蛱蝶 *Junonia orithya* (Linnaeus, 1758)

正面翅黑色，前翅中室内有2枚不明显的橙红色斑，饰以黑边，从中室端外侧至Cu_1室外缘有1条倾斜的白带，其内侧边界较曲折，Cu_1室及M_1室各有1枚眼状斑，M_1室眼状斑较小，其上侧有一白斑，后翅具蓝色光泽，亚外缘有2枚较大的眼状斑，前后翅亚外缘有2列条形白斑。夏型反面为暗黄色，前翅中室内有3枚橘色斑，饰以黑边，最外侧1枚向下延伸至Cu_1室基部，中室端外侧有2枚相连的不规则黑斑，亚外缘有1条黑线，后翅基半部有多条黄褐色波状线纹，外中带黄褐色，前后翅反面与正面对应位置有眼斑，但较弱，瞳点退化不清晰；秋型后翅及前翅顶区为灰褐色且眼斑消失。雌蝶通常正面眼斑更大，后翅蓝斑范围局限于外半部，不进入中室，或者无蓝斑。

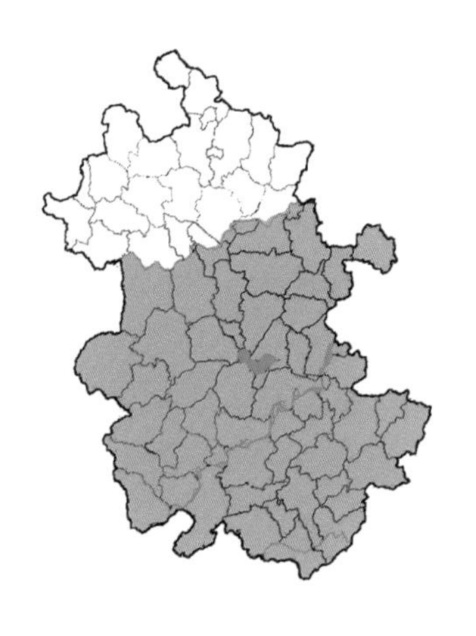

寄主：爵床（*Rostellularia procumbens*）等植物。

分布：淮河以南各市。

69. 美眼蛱蝶 *Junonia almana* (Linnaeus, 1758)

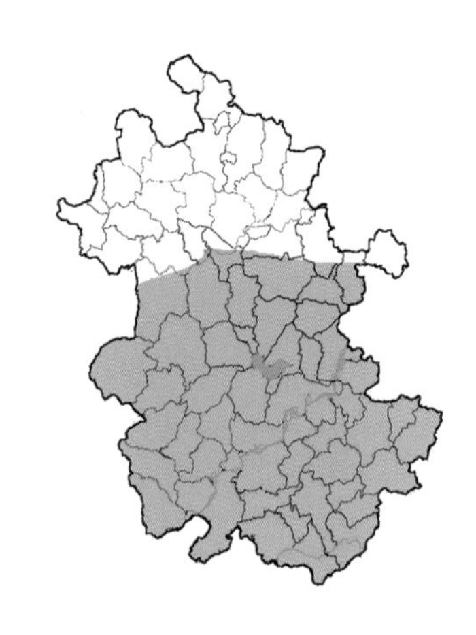

正面翅橙黄色，前翅中室内有2枚黑线围成的不规则斑纹，中室端有1枚黑斑，Cu_1室及M_1室各有1枚眼状斑，M_1室眼状斑较小，其上侧有一黑斑，后翅外中区上部有1枚大眼斑，Cu_1室有1枚小眼斑或者消失，前后翅亚外缘有2条波状黑线。夏型反面淡黄色，与正面斑纹相似，但前后翅有1条白色中带，基区有白色线状斑纹，后翅的大眼斑分为共环的2个。秋型前翅Cu_2脉及M_1脉突出，后翅外缘在M_3脉处形成1个钝角，臀角突出，翅反面棕色，中带很细，基区有1条黄色细线，以成虫越冬。

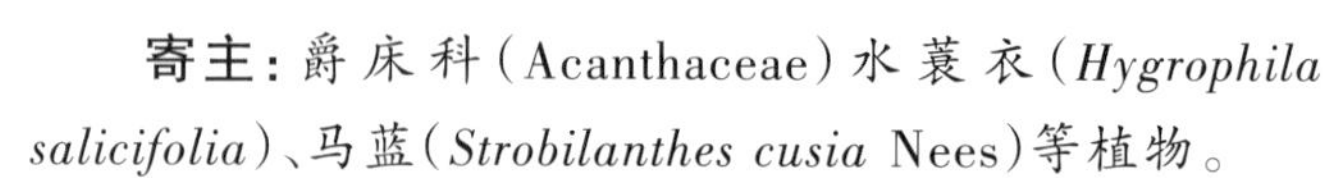

寄主：爵床科(Acanthaceae)水蓑衣(*Hygrophila salicifolia*)、马蓝(*Strobilanthes cusia* Nees)等植物。

分布：淮南、六安、合肥、滁州、安庆、芜湖、马鞍山及长江以南各市。

3.6.6 盛蛱蝶属 *Symbrenthia* Hübner, [1819]

70. 黄豹盛蛱蝶 *Symbrenthia brabira* Moore, 1872

雄蝶正面翅黑褐色,前翅中室下半部有1条橙色斑,延伸至中室外,亚顶区有一不规则的橙色斑,Cu_1室外侧至后缘有1条橙色外中带,后翅中带、外中带均橙色。翅反面为浅黄色,有黑色亚外缘线,前翅顶区、中室、Cu_2至M_3室内侧分布黑色斑块,后角有1枚小黑斑;后翅基半部散布相互独立的黑斑,外中区有5枚黑线围成的格形斑块,其内部靠内侧分布有淡紫色鳞片,其余部分为底色,其中M_2室的斑块较长,向内突出,臀区至中室端三角形区域内分布有不规则的黑色斑块,M_3室外侧至臀角有1列蓝色波状斑纹。雌蝶与雄蝶相似,但翅形稍圆,正面橙色斑更发达,反面黑斑较弱,后翅格状斑块内为底色。安徽分布的为 ssp. *scatinia* Fruhstorfer, 1908,本亚种广泛分布于我国东南部及台湾地区,有可能为独立种。

分布:黄山、池州。

3.6.7 蜘蛱蝶属 *Araschnia* Hübner, [1819]

71. 曲纹蜘蛱蝶 *Araschnia doris* Leech, [1892]

夏型翅正面黑褐色，前后翅亚基部具橙黄色条纹，中带黄白色，前翅中带在R_5室至M_2室为3枚紧挨的黄白色斑，在M_3室极狭窄，前后翅外中区至亚外缘区有一橙黄色区域，上有2列黑褐色斑。反面斑纹位置与正面相似，基半部翅脉、亚基部条纹、中带及外侧浅色区均为浅黄白色，浅色区上内列斑纹为棕褐色，具1列淡蓝紫色圆斑，外缘具浅黄白色线，后翅中带外缘黑褐色区域被浅黄白色带截断。春型个体正面前翅黑斑较弱，中带为橙黄色，与外侧橙黄色区域愈合，前后翅Cu_1室至M_2室中部有1列白色小圆点。反面后翅中带较细，中部有1列暗色斑，前后翅M_2室至M_3室具淡紫色光泽，以蛹越冬。

寄主：荨麻科(Urticaceae)的苎麻(*Boehmeria nivea*)。
分布：合肥、安庆、芜湖、马鞍山及长江以南各市。

3.7 螯蛱蝶亚科 Charaxinae

3.7.1 螯蛱蝶属 *Charaxes* Ochsenheimer, 1816

72. 白带螯蛱蝶 *Charaxes bernardus* (Fabricius, 1793)

正面翅橘红色，前翅顶角突出，通常有1条宽阔的白色中带，从后缘抵达R_5室，其内侧有黑线勾勒，外侧有波浪形黑线，与宽阔的黑边相连，后翅外缘在M_3脉处尖出，白带从Rs室开始弱化，亚外缘有1列黑斑，从前缘向臀角逐渐变窄，其上有白色斑点。反面棕灰色，从翅基向外有4条波状黑线，第二条内侧及第三条外侧有白边，第四条外侧有棕红色带，后翅亚外缘有1列小白点。雌蝶个体较大，翅面白斑通常较发达，后翅M_3脉突出更明显，以幼虫越冬。

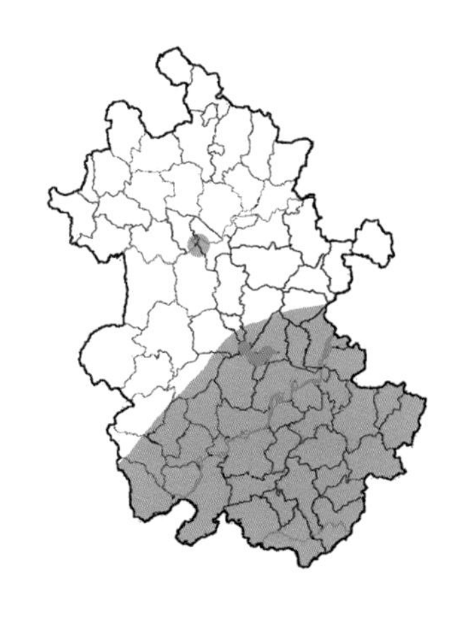

寄主：樟科（Lauraceae）的樟（*Cinnamomum camphora*）。

分布：淮南、合肥及长江以南各市。

3.7.2 尾蛱蝶属 *Polyura* Billberg, 1820

73. 二尾蛱蝶 *Polyura narcaea* (Hewitson, 1854)

翅淡绿色,前翅中室后脉有1条黑纹并沿M_3脉延伸至前翅中部,中室端脉黑斑与下方及前翅前缘的黑斑融合,前后翅外中带和亚外缘带黑色,后翅亚外缘带在M_3脉下方有蓝色带,后翅外缘在M_3脉及Cu_1脉处形成尾状突起,尾突黑色,中部有蓝斑,臀角处有1枚黄斑,后翅基部至臀角有1条灰色带。反面斑纹与正面相似,但为棕绿色带,有的饰以黑边,前翅中室有黑点,后翅亚外缘有1列黑点。宽带型(f. *narcaea*)正面黑色外中带和亚外缘带之间的淡绿色范围较大,连成一个宽带,而斑带型(f. *mandarinus*)则沿翅脉有黑斑,将淡绿色带分割成孤立的斑,且前翅基部灰色鳞片较多。通常宽带型发生较早,斑带型发生较晚,但也能同时观察到两种类型的个体,以蛹越冬。

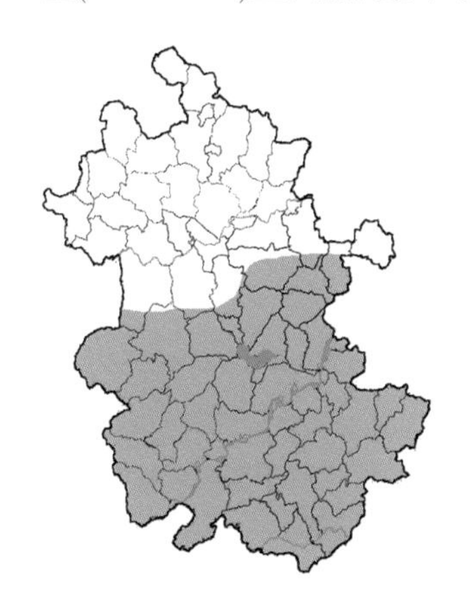

寄主:含羞草科(Mimosoideae)的山槐(*Albizia kalkora*),豆科(*Leguminosae*)的黄檀属(*Dalbergia* sp.)。

分布:六安、合肥、滁州、安庆、芜湖、马鞍山及长江以南各市。

74. 忘忧尾蛱蝶 *Polyura nepenthes* (Grose-Smith, 1883)

翅浅黄绿色，前翅前缘黑色，中室端有一黑色短带，前翅端半部、外缘区及亚外缘区黑色，有2列单色斑点，中室端外侧也有2枚淡色斑点。后翅外缘有黑线，尾突黑色，亚外缘有2列黑斑，臀角黄色。反面前翅中室内有2枚黑点，中室端部有一黑斑延伸至Cu_2室上方，M_1室及R_5室内侧各有1枚小黑点，外中区有1条黄褐色斜带从前缘抵达后缘，其外侧有黑边，前翅外缘黄褐色；后翅从前缘近基部至臀角有1条弯曲的黄褐色带，在中室后脉上方有黑边，外中区有1条黄褐色带，其余与正面相似。

寄主：豆科（Leguminosae）的黄檀（*Dalbergia hupeana*）等植物。

分布：池州、黄山。

3.8 闪蛱蝶亚科 Apaturinae

3.8.1 闪蛱蝶属 *Apatura* Fabricius, 1807

75. 柳紫闪蛱蝶 *Apatura ilia* (Denis et Schiffermüller, 1775)

棕色型翅棕黄色，雄蝶翅面具紫色反光，前翅中室内有4枚黑点，中室端外有3枚相连的浅色斑，顶角附近有2枚白斑，上方1枚较大，外中区有1列暗色斑，其中M_3室有1枚白点，Cu_1室为1个眼状斑，Cu_1室基部及其下方各有1枚浅色斑；后翅有1条浅黄白色中带，外中区有1列暗色斑，其中Cu_1室为1个眼状斑，中室内有1枚小黑点。反面为浅土黄色，斑纹与正面相似，但外中区的黑斑较退化，后翅仅保留暗褐色斑纹，前翅中域白斑内侧均有黑色阴影。黑色型个体翅面黑褐色，斑纹与棕色型类似。以幼虫越冬。

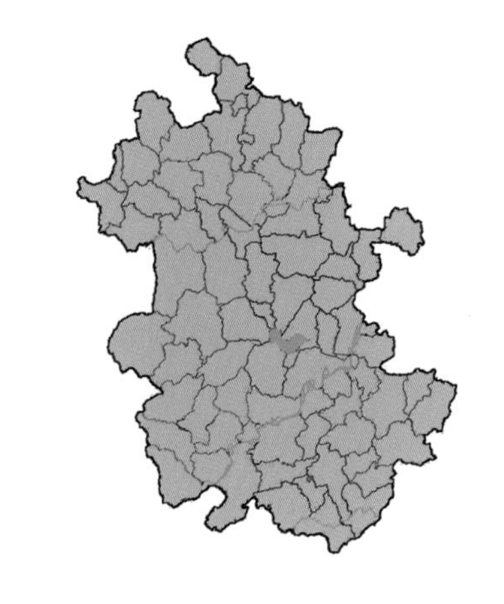

寄主：杨柳科（Salicaceae）的垂柳（*Salix babylonica*）等。

分布：全省广布。

3.8.2 迷蛱蝶属 *Mimathyma* Moore, [1896]

76. 迷蛱蝶 *Mimathyma chevana* (Moore, [1866])

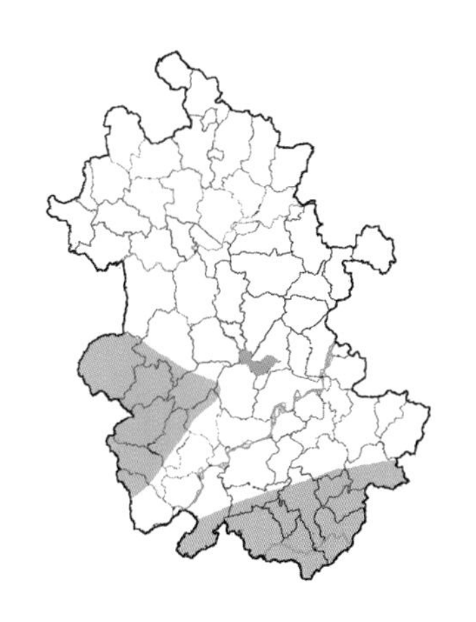

正面翅黑色，中室后缘有一长白斑，中区有数枚不规则排列的白斑，下方几枚白斑周围有深蓝色反光，亚外缘有1列小白斑；后翅有一白色中带，周围有深蓝色反光，外中带为1列被翅脉分割的白斑。翅反面银白色，前翅中室及M_3脉下方区域黑色，有数枚与正面对应的白斑，中室内有4枚小黑点，中室端外侧从前缘至M_3脉有1条棕红色斜带，前后翅亚外缘及外缘区棕红色，后翅外中区有1条红棕色带，从前缘靠近前角处抵达臀角。以幼虫越冬。

寄主：杭州榆(*Ulmus changii*)等。

分布：六安、安庆、芜湖、池州、黄山、宣城。

3.8.3 铠蛱蝶属 *Chitoria* Moore, [1896]

77. 金铠蛱蝶 *Chitoria chrysolora* (Fruhstorfer, 1908)

雄蝶翅橘黄色，正面前翅中室端有1枚三角形黑斑，顶区及外缘黑色，亚顶区有1枚黑斑，Cu_1室有1枚椭圆形黑斑，Cu_2室基部及2A室有灰黑色鳞片；后翅亚外缘有1列黑斑，从前缘向后角逐渐变小，Cu_1室有1枚圆形黑斑，外缘及亚外缘线黑色。反面除Cu_1室圆斑外，其他斑纹颜色较淡，后翅中部有1条褐色细线，Cu_1室黑斑上有一白色瞳点。安徽分布的为大陆亚种ssp. *eitschbergeri* Yoshino, 1997，与武铠蛱蝶四川亚种 *Chitoria ulupi subcaerulea* 较近似，但前翅正面Cu_1室的黑色圆斑周围没有暗色带，后翅反面褐色中线外侧无明显的白色带。

寄主：榆科（Ulmaceae）的珊瑚朴（*Celtis julianae*）等植物。

分布：六安、安庆、黄山、池州、宣城。

3.8.4 白蛱蝶属 *Helcyra* Felder, 1860

78. 银白蛱蝶 *Helcyra subalba* (Poujade, 1885)

正面翅深灰色，前翅R_5室、M_1室、M_3室、Cu_1室各有1枚白斑，Cu_2室内白色斑弱化；后翅前缘有1枚白斑，其后白带极弱，亚外缘有1条暗色线。反面银白色，白斑与正面相同，前翅后角至Cu_1室白斑外侧有深灰色斑块。省内分布均为白色型(f. *subalba*)，即反面无橙红色斑。一年一代，以幼虫越冬。

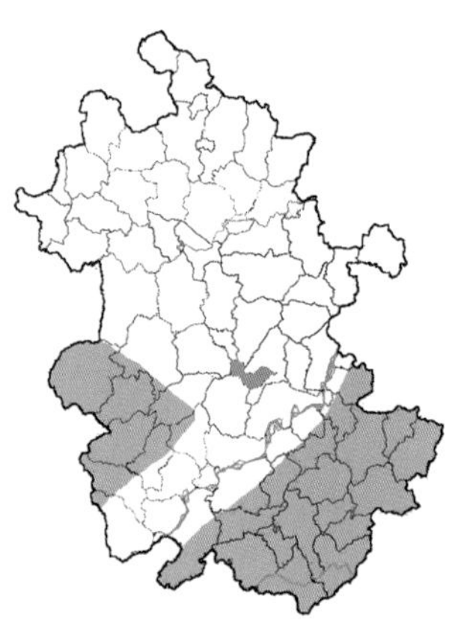

寄主：榆科(Ulmaceae)的朴树(*Celtis sinensis*)等植物。
分布：六安、安庆、池州、黄山、宣城。

79. 傲白蛱蝶 *Helcyra superba* Leech, 1890

翅白色，前翅端半部黑色，其内缘在 M_2 及 Cu_1 脉处凹入，亚顶区有 2 枚小白斑，中室端被 2 枚深灰色斑封住；后翅外中区有 1 列弯曲排列的黑点，亚外缘有 1 条黑色折线。翅反面隐约可见正面黑斑，前翅 Cu_1 外侧有 1 枚短黑线，后翅外中区有 1 列弯曲的细黑线，其中 Cu_1 室及 Rs 室黑线外侧各有 1 枚圆斑，圆斑内半部橙色，外半部黑色。触角末端膨大明显。一年一代，以幼虫越冬。

寄主：榆科（Ulmaceae）的珊瑚朴（*Celtis julianae*）、朴树（*Celtis sinensis*）等植物。

分布：池州、黄山、宣城。

3.8.5 帅蛱蝶属 *Sephisa* Moore, 1882

80. 黄帅蛱蝶 *Sephisa princeps* (Fixsen, 1887)

翅黑褐色，前翅顶角及Cu_2脉突出，中室基部有1枚三角形橙色斑，外侧有1枚稍大的不规则橙色斑，中带橙黄色，在Cu_1室极宽阔，其上有1枚黑色圆斑，在M_3室以上分为两支，外侧一支由2枚小圆斑构成，亚外缘有1列橙色斑；后翅基半部橙色，$Sc+R_1$室橙色斑上有1枚黑褐色斑，翅脉黑色，外缘区黑褐色，其内有1列橙色斑，向臀角逐渐变窄，期中Cu_1室斑内侧有1枚橙色椭圆形斑。反面与正面相似，但前翅顶区斑、亚顶区2枚圆斑均为白色，后翅除Cu_1室、M_3室及$Sc+R_1$室中部斑为橙色，中室斑上缘、外中斑列内缘略带橙色外，其余浅色斑均为白色，中室内及中室端有3枚小黑点。雌蝶橙色型与雄蝶近似，但翅型较圆；白色型个体正面除前翅中室斑及后翅$Sc+R_1$室中部的斑为橙色外，其余斑均为白色，前翅Cu_2室基部有蓝绿色鳞片。每年夏季发生一代，以幼虫越冬。

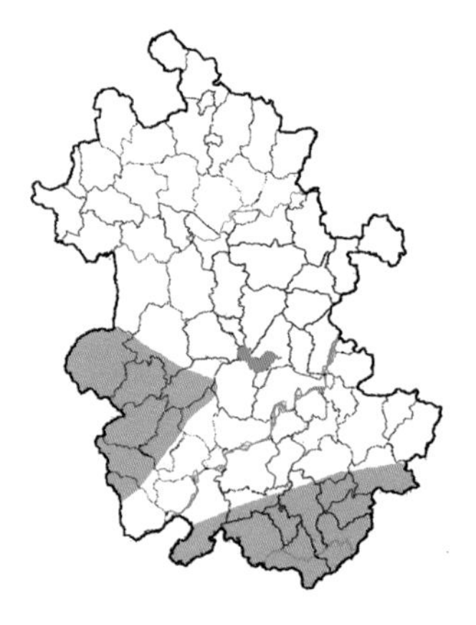

寄主：壳斗科（Fagaceae）的栎属（*Quercus*）。

分布：安庆、池州、黄山、宣城。

3.8.6 紫蛱蝶属 *Sasakia* Moore, [1896]

81. 大紫蛱蝶 *Sasakia charonda* (Hewitson, 1862)

正面翅黑褐色，基半部具蓝紫色反光，前翅中室端附近有2枚白斑，Cu_1室基部及Cu_2室各有1枚近圆形白斑，从前缘中部至Cu_1室外侧有5枚淡黄色斑，亚顶区有2枚淡黄色斑，亚外缘为浅黄色斑列，Cu_2室基部具一白色条；后翅中室及Cu_1室基部各有1枚白斑，外中区至亚外缘散布淡黄色小斑，臀角处有1枚红斑。反面斑纹与正面相似，但前翅端半部及后翅为浅灰绿色。一年发生一代，以幼虫越冬。

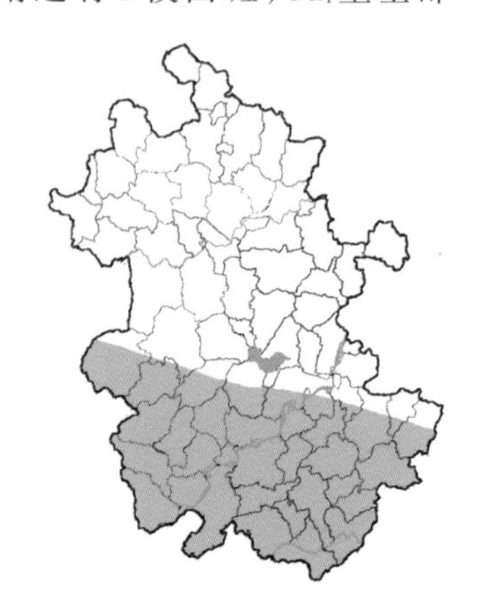

寄主： 榆科（Ulmaceae）的朴树（*Celtis sinensis*）、紫弹树（*Celtis biondii*）。

分布： 安庆、合肥、芜湖、池州、黄山、宣城。

3.8.7 脉蛱蝶属 *Hestina* Westwood, [1850]

82. 黑脉蛱蝶 *Hestina assimilis* (Linnaeus, 1758)

普通型翅淡绿色，沿各翅脉有黑色条纹，前翅 Cu_2室中部有 1 条黑色条纹从基部抵达外缘，翅外缘黑色，从亚外缘向内有 4 条从前翅前缘发出的黑色带，前两条抵达后缘，第三条止于 Cu_2脉，第四条止于 M_3脉；后翅外中区及外侧黑色，其中 Sc+R_1室、Rs 室、M_1室各有 2 枚白斑，亚外缘从 M_1室至臀角有 4~5 枚红斑，其中 Cu_1室及 M_3室红斑中央各有 1 枚黑点。淡色型个体仅沿翅脉的黑色条纹较发达，前后翅外缘黑色，前翅亚外缘带黑色，其内侧黑带退化，多不明显，后翅亚外缘有 1 列不明显的黑斑，红斑退化或消失；反面黑斑更弱。安徽仅中西部地区有淡色型现象，春季多见。以幼虫越冬。

寄主：榆科（Ulmaceae）的朴树（*Celtis sinensis*）等植物。

分布：全省广布。

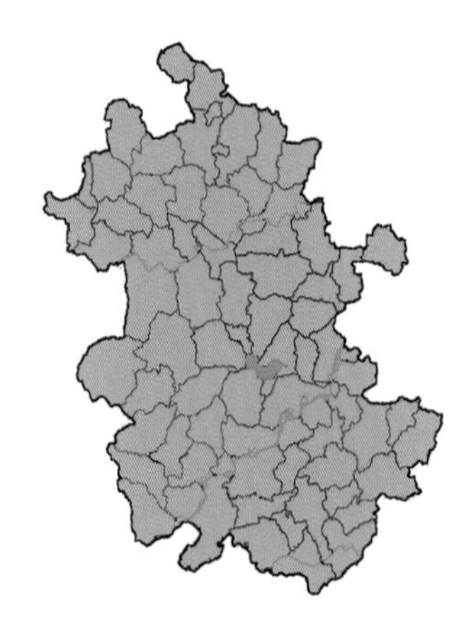

83. 拟斑脉蛱蝶 *Hestina persimilis* (Westwood, [1850])

翅淡绿白色，沿各翅脉有黑色条纹，前翅Cu_2室中部有1条细黑线从中部抵达外缘，翅外缘黑色，自基部向顶角有4条不规则的黑色带将底色部分分割成若干列斑块。后翅外中区及外侧黑色，外缘及亚外缘各有1列小白点，M_1室基部至$Sc+R_1$室有1枚近圆形黑斑。

寄主：榆科（Ulmaceae）的朴树（*Celtis sinensis*）。

分布：合肥。

3.8.8 猫蛱蝶属 *Timelaea* Lucas, 1883

84. 猫蛱蝶 *Timelaea maculata* (Bremer et Grey, [1852])

翅金黄色,前翅中室内有6枚黑斑,其中4枚为近圆形,基部1枚较长,Cu_2室基部及2A室各有1枚长黑斑,前后翅亚外缘至内中区共有4列黑斑,其中亚外缘斑近似菱形,外中斑列各斑近似椭圆形,中斑列各斑接近矩形,仅前翅M_3室黑斑较小,后翅中室内有4枚黑色圆斑,Cu_2室基部有1黑色条斑。反面与正面相似,但前翅亚顶区、R_5室及后翅第二列黑斑以内除去Cu_2室、Cu_1室基部外的区域底色为白色,后翅肩区有1枚黑斑。以幼虫越冬。

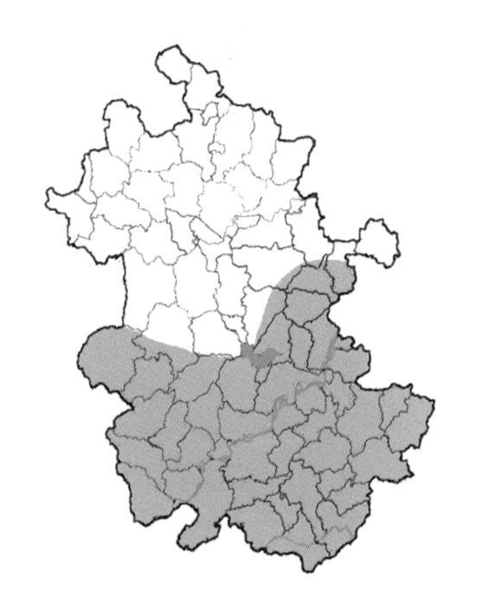

寄主: 榆科(Ulmaceae)的紫弹树(*Celtis biondii*)等植物。

分布: 六安、合肥、滁州、安庆、芜湖、马鞍山及长江以南各市。

85. 白裳猫蛱蝶 *Timelaea albescens* (Oberthür, 1886)

与猫蛱蝶较近似，但个体较大，前翅中室内仅有4枚黑斑，Cu_1室及M_3室基部黑斑非常小，后翅Cu_1室矩形斑外侧有1枚黑色圆斑，后翅正反面白色区域局限在中斑列内侧。以幼虫越冬。

寄主：榆科（Ulmaceae）的紫弹树（*Celtis biondii*）。

分布：池州、黄山、宣城。

3.8.9 窗蛱蝶属 *Dilipa* Moore, 1858

86. 明窗蛱蝶 *Dilipa fenestra* (Leech, 1891)

雄蝶翅橙黄色,前翅前缘黑色,翅基部有黑褐色鳞片,中室中部有1枚黑斑,中室端有1枚深棕色粗斜斑,亚顶区黑斑上有2枚透明的小圆斑,Cu_1室外部有1枚黑色圆斑,中央有淡色点,其下方相连的黑纹抵达后角,Cu_1室基部及其下方有1枚近三角形的黑斑,前后翅亚外缘及外缘区有很宽的黑边,后翅基部及臀区黑褐色,外中区Cu_1室至M_1室各有1枚黑斑。前翅反面与正面相似,但外缘无宽黑边,顶区、亚顶区为淡黄色,密布褐色细纹,Cu_2室基半部黑色,Cu_1室圆黑斑中央有蓝灰色瞳点;后翅淡黄色,外半区色较深,为浅褐色,密布深褐色细纹,从前缘至臀角有一棕褐色带,中室后脉棕褐色并加粗。雌蝶与雄蝶近似,但正面底色为棕红色,前翅中室黑斑外侧橙黄色,中室端黑斑外侧从前缘至后角有1条弯曲的橙黄色带,Cu_1室内侧及Cu_2室外侧各有1枚橙黄色斑,后翅中室端有1枚近三角形的橙黄色斑,外中带由6枚黑斑组成,其中Rs室及M_1室黑斑内侧有橙黄色斑。仅早春发生一代,以蛹越冬。

寄主:榆科(Ulmaceae)的朴树(*Celtis sinensis*)等植物。

分布:池州、黄山、宣城。

3.9 丝蛱蝶亚科 Cyrestinae

3.9.1 电蛱蝶属 *Dichorragia* Butler, [1869]

87. 电蛱蝶 *Dichorragia nesimachus* (Doyère, [1840])

翅黑褐色，具深蓝绿色光泽，前翅中室内有数枚白点，Cu_2室从基部至中部有3枚白点，Cu_1室及M_3室从基部至中部各有2枚白点，从M_2室至R_3室基部各有1枚白斑，Cu_1室及上方各室外部有1列双"V"字形白色横纹，外缘有1列小白斑；后翅外中区有1列黑色圆斑，其内侧有数枚白斑，亚外缘有1列"V"字形斑，外缘有1列小白斑。反面与正面相似，前翅中室内有2枚条状白斑，以蛹越冬。

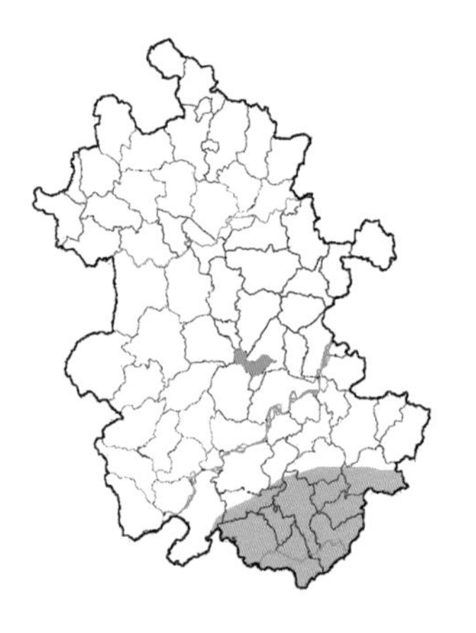

寄主：清风藤科(Sabiaceae)的腺毛泡花树(*Meliosma glandulosa*)。

分布：池州、黄山、宣城。

3.9.2 饰蛱蝶属 *Stibochiona* Butler, [1869]

88. 素饰蛱蝶 *Stibochiona nicea* (Gray, 1846)

雄蝶翅黑色，有深蓝色泽，前翅从亚外缘至中区有3列小白点，第二列从前缘抵达Cu_1室，第三列抵达M_3室，中室内有2条蓝色短斑，中室端有2枚蓝斑；后翅外中区有1条不明显的蓝色带，其外侧有1列环状斑，环状斑的外半部为白色，内半部为蓝色。反面与正面相似，但前翅的3列白点均抵达Cu_2室，后翅的环状斑仅有白色部分，中区及外中区另有2列蓝白色点，中室端具2枚蓝白色点，$Sc+R_1$室基部有1枚浅蓝色点。雌蝶与雄蝶近似，但翅面为茶褐色，以蛹越冬。

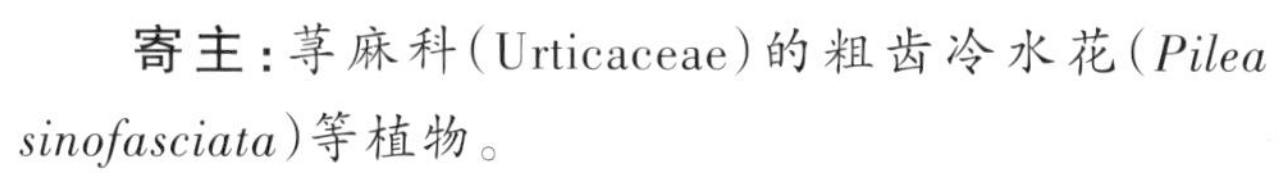

寄主：荨麻科(Urticaceae)的粗齿冷水花(*Pilea sinofasciata*)等植物。

分布：池州、黄山、宣城。

3.10 线蛱蝶亚科 Limenitinae

3.10.1 姹蛱蝶属 *Chalinga* Moore, 1898

89. 锦瑟姹蛱蝶 *Chalinga pratti* (Leech, 1890)

根据Lang(2010),瑟蛱蝶属*Seokia* Sibatani, 1943为姹蛱蝶属*Chalinga* Moore, 1898的异名,故改称锦瑟姹蛱蝶。雄蝶翅黑褐色,正面前翅中室内有2枚灰白色短斑,中室端有1枚灰褐色斑,中带为1列曲折排列的灰白色斑,顶角附近有2枚灰白色斑,前后翅有1列灰褐色外缘斑、1列灰褐色亚外缘斑及暗红色外中斑列,后翅中带为1列灰白色短斑。反面与正面相似,但各淡色斑颜色更浅而更明显,后翅前缘、肩区红色,中室基部有1枚三角形红斑,中部有1枚白色斜斑,端部有1枚红色斜斑,后翅$Sc+R_1$室及Rs室基部各有1枚白斑,其中$Sc+R_1$室那枚白斑上有一黑点。雌蝶与雄蝶近似,但中带白斑更为发达,红色外中斑则较窄。

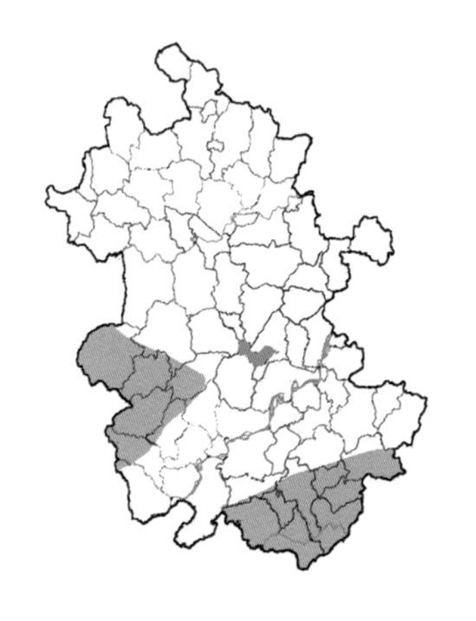

寄主:松科(Pinaceae)的松属(*Pinus* sp.)等植物。

分布:六安、安庆、池州、黄山、宣城。

3.10.2 翠蛱蝶属 *Euthalia* Hübner, [1819]

90. 雅翠蛱蝶 *Euthalia yasuyukii* Yoshino, 1998

翅正面棕绿色，前翅中室内有2条黑线，中室端部有1枚黑线围成的肾形斑，亚顶区R_3室和R_5室各有1枚米黄色小斑，Cu_2室基部有1枚不明显的黑色线圈；后翅中室端有1枚黑线围成的小斑。前后翅中带为1列米黄色斑，其中前翅各斑接触长度较短，后翅各斑则接触充分，仅以翅脉分割，外中区有1条深褐色阴影带，翅外缘深褐色。翅反面底色为浅灰绿色，斑纹与正面相似，但后翅基部有数枚黑线围成的不规则斑。本种雄性外生殖器抱器瓣末端成180°扭曲，因此易于同近似种区分。夏季发生一代，以幼虫越冬。

寄主：壳斗科（Fagaceae）植物。

分布：池州、黄山、宣城。

91. 波纹翠蛱蝶 *Euthalia rickettsi* (Hall, 1930)

本种原作波纹翠蛱蝶*Euthalia undosa*的亚种,但*Euthalia undosa*实际上是西藏翠蛱蝶*Euthalia thibetana*的异名,后Yokochi(2012)基于翅面差异和同地分布将*Euthalia rickettsi*提升为种,这里将名称波纹翠蛱蝶用于此种。本种外观上与*Euthalia yasuyukii*十分接近,但前后翅中带及前翅亚顶角斑为白色,后翅中带外侧有蓝色细带。夏季发生一代,以幼虫越冬。

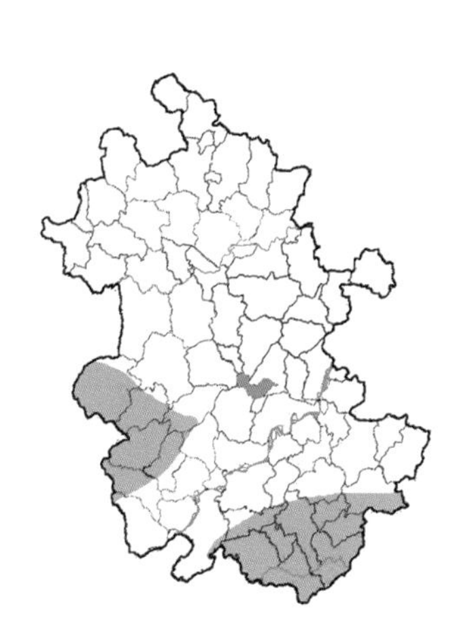

寄主:壳斗科(Fagaceae)植物。

分布:六安、安庆、池州、黄山、宣城。

92. 珀翠蛱蝶 *Euthalia pratti* Leech, 1891

雄蝶翅正面墨绿色，前翅中室内有3条黑色短线，中室端有1枚黑线围成的肾形斑，Cu_2室基部有1枚黑色小线圈，亚顶区R_3室和R_5室各有1枚小白斑，前翅中带为从前缘中部至Cu_1室外部的1列零散排列的小白斑，亚外缘有1条深褐色阴影带；后翅中室端部有1枚黑线围成的小斑，中带为1列深色小斑，其中靠近前缘的2枚斑上可能具白色小斑，亚外缘有一波状阴影带。反面底色为浅灰绿色，斑纹与正面近似，但前翅中斑列内侧有黑色阴影区，后翅基部有数枚黑线围成的斑纹。雌蝶与雄蝶近似，但翅型较阔，前翅中斑列较发达，后翅中带为一不规则的斑带，靠近前缘的部分为白色。夏季发生一代，以幼虫越冬。

寄主：壳斗科(Fagaceae)植物。

分布：池州、黄山、宣城。

93. 布翠蛱蝶 *Euthalia bunzoi* Sugiyama, 1996

雄蝶翅正面棕褐色，具古铜色色泽，前翅中室基部有1枚黑褐色短线，中部及端部各有1枚黑褐色线围成的肾形斑，Cu_2室近基部有1枚黑褐色小线圈，前翅中部具一暗色带，在M_3脉上方向内偏折，在M_3脉下方逐渐加宽，亚外缘有1条稍窄的暗色带；后翅Cu_2脉至后翅前缘区域有1块很大的黄斑，黄斑外侧延伸出模糊的黄色窄带至Cu_2室，黄斑上位于中室端处具1枚黑褐色线围成的斑，亚外缘有模糊的暗色带。反面底色为浅灰绿色，前翅斑纹与正面相似，后翅基半部具数枚黑褐色线纹，中带为1列几乎等大的小斑，稍浅于底色，亚外缘暗色带不清晰。雌蝶与珀翠蛱蝶的雌性较近似，但翅正面具古铜色色泽，前翅Cu_1室白斑很小。

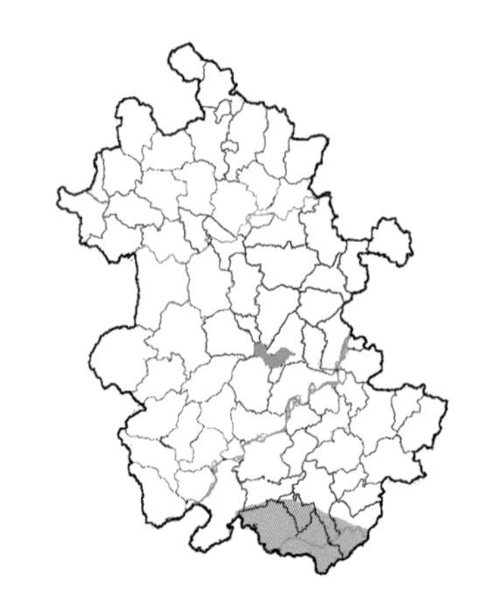

寄主：壳斗科(Fagaceae)的栎属(*Quercus* sp.)植物。

分布：池州、黄山。

94. 太平翠蛱蝶* *Euthalia pacifica* Mell, 1935

雄蝶翅正面棕褐色，具古铜色色泽，前翅中室基部有1枚黑褐色短线，中部及端部各有1枚黑褐色线围成的肾形斑，Cu_2室近基部有1枚黑褐色小线圈，前翅中部具一暗色带，在M_3脉上方向内偏折，在M_3脉下方逐渐加宽，亚外缘有1条稍窄的暗色带；后翅中室端具1枚黑褐色线围成的斑，$Sc+R_1$室至M_1室基部至外中部具黄斑，其中M_1室黄斑在靠近基部位置被底色所截断，M_2室至M_3室近基部各有1枚黄斑，亚外缘有模糊的暗色带。反面底色为浅灰绿色，前翅斑纹与正面相似，后翅基半部具数枚黑褐色线纹，中带为1列几乎等大的小斑，稍浅于底色，亚外缘暗色带不清晰。雌蝶与布翠蛱蝶雌性非常相似，但前翅顶角略向外突出，正面后翅前缘白斑外侧边界不清晰。

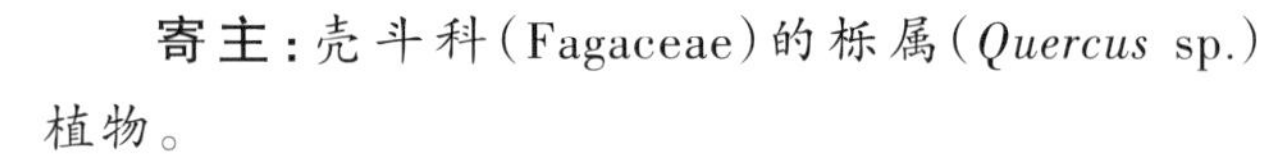

寄主：壳斗科(Fagaceae)的栎属(*Quercus* sp.)植物。

分布：黄山、宣城。

* 标本图片由朱建青、毛巍伟提供，采集于西天目山。

95. 黄翅翠蛱蝶 *Euthalia kosempona* Fruhstorfer, 1908

雌雄异型。雄蝶翅正面棕黄绿色，前翅亚顶区有黄色小斑，中带为1列黄色斑从前缘至Cu_1室逐渐变大，Cu_2室黄斑内移，中室内有1枚黄色斜斑，其内侧有3条粗黑线，中室端为1枚粗黑线围成的肾形斑，Cu_2室基部有1枚黑色小圆斑；后翅中室端有1枚黑线围成的斑，中带为1列密排的黄色斑块，彼此以翅脉分割，期外缘向外突出，外中区有1列深色阴影状斑。反面底色为浅灰绿色，斑纹与正面接近，但前翅中斑列内侧有黑色阴影区，后翅基半部有不规则的黑色线纹。雌蝶翅墨绿色，前翅亚顶区有2枚小白斑，中带为1列倾斜排列的白斑，中室内有3条短黑线，中室端有1枚黑线围成的肾形斑，亚外缘有深色阴影带；后翅中室端有1枚黑线围成的斑，中带为1列小白斑，仅M_2室以上的白斑出现，其余不显，外中区有1列深色阴影状斑。反面底色为浅灰绿色，斑纹与正面接近，但前翅Cu_2室至M_3室内侧有黑色阴影区，后翅基部有不规则的黑线，中斑列延伸至Cu_1室。夏季发生一代，以幼虫越冬。

寄主：壳斗科（Fagaceae）植物。

分布：池州、黄山。

96. 矛翠蛱蝶 *Euthalia aconthea* (Cramer, [1777])

雄蝶翅正面棕褐色，基半部色较深，前翅亚外缘有1列模糊的深色暗斑，亚顶角有2枚很小的白斑，中区M_3室至R_5室有1列小白斑，M_2室1枚常消失，中室基部有1枚黑褐色短线，中部及端部各有1枚黑褐色线围成的肾形斑，Cu_2室近基部有1枚黑褐色小线圈；后翅亚外缘有1列小黑斑，中室中部及端部各有1枚黑褐色线围成的肾形斑。反面底色为浅褐色，斑纹与正面相似，后翅M_1室至$Sc+R_1$室基部各有一黑色线圈。雌蝶与雄蝶相似，但翅型较圆。

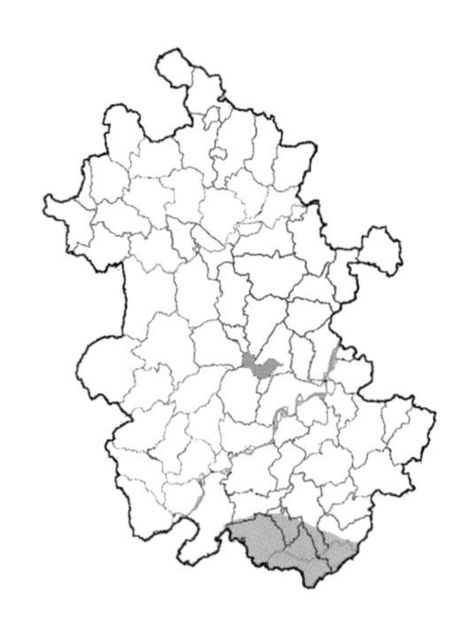

分布：池州、黄山。

3.10.3 线蛱蝶属 *Limenitis* Fabricius, 1807

97. 残锷线蛱蝶 *Limenitis sulpitia* (Cramer, [1779])

翅正面黑褐色，前翅中室后缘有1枚条状白斑，在离基部2/3处断开或有一凹痕，外中斑列为1列白斑，在R_5室至M_2室为长白斑，在M_3室为一小白点，在Cu_1室为一近圆形白斑，亚顶区有1列小白点，亚外缘斑列白色，外缘斑列灰褐色；后翅中带白色，外中区有1列黑色斑，外侧有1列近梯形的白斑，从前缘至后缘逐渐变大，外缘斑列灰褐色；反面底色红褐色，斑纹与正面相似，但前后翅外缘斑列为白色，前翅Cu_2室至M_3室外中斑列内侧为深褐色，后翅基部有一白斑，其上有数枚黑点，梯形斑列内缘有1列褐色点。

寄主：忍冬科(Caprifoliaceae)的忍冬属(*Lonicera* spp.)植物。

分布：淮河以南各市。

98. 折线蛱蝶 *Limenitis sydyi* Lederer, 1853

雄蝶翅正面黑褐色,前翅亚顶角有2枚小白斑,外中斑发达,在R_5室至M_2室为长白斑,在M_3室及Cu_1室为椭圆形白斑,在Cu_2室为一近方形白斑;后翅有一宽阔的白色中带,亚外缘有1列较弱的白斑。反面底色为红褐色,斑纹与正面接近,但前翅中室内有2枚白斑,并饰以黑边,亚顶区白斑外侧有数枚黑褐色斑点,2A室及Cu_2室白斑外侧为黑褐色,Cu_2室至M_3室外中斑列内侧具黑褐色阴影,Cu_2室基部有1枚白斑;后翅前缘、肩区及中室基部白色,中带内侧具数枚短黑线或黑斑,中带外侧有2列黑褐色斑点,臀区灰白色,前后翅具1列白色亚外缘斑及白色外缘斑。雌蝶与雄蝶相似,但正面前翅中室内有2枚白斑,前后翅亚外缘斑列稍显著。

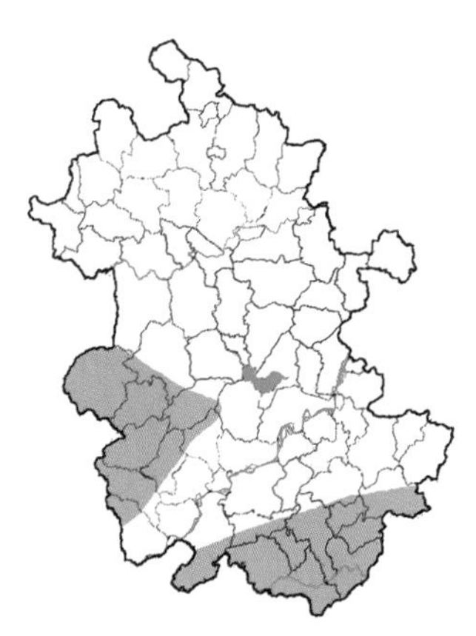

寄主:蔷薇科(Rosaceae)的三裂绣线菊(*Spiraea trilobata*)、土庄绣线菊(*Spiraea pubescens*)。

分布:六安、安庆、池州、黄山、宣城。

99. 扬眉线蛱蝶 *Limenitis helmanni* Lederer, 1853

翅正面黑褐色，前翅中室后缘有1枚条状白斑，其外侧另有1枚近三角形白斑，外中斑列白色，其中R_5室至M_2室为长白斑，M_3室及Cu_1室为近圆形白斑，亚顶区有数枚小白斑，亚外缘具1列窄白斑，外缘斑列为暗褐色，不清晰；后翅具1条白色中带，亚外缘斑列为窄白斑，外缘斑列不清晰。反面底色为红棕色，斑纹与正面接近，但前翅M_3室至Cu_2室外中斑列内侧具黑褐色阴影区，后翅基部灰白色，上有数枚黑点，中带外侧具1列深棕色斑，前后翅外缘斑列为白色。本种与拟戟线蛱蝶*Limenitis misuji*较近似，但触角末端为亮黄色而非棕红色。

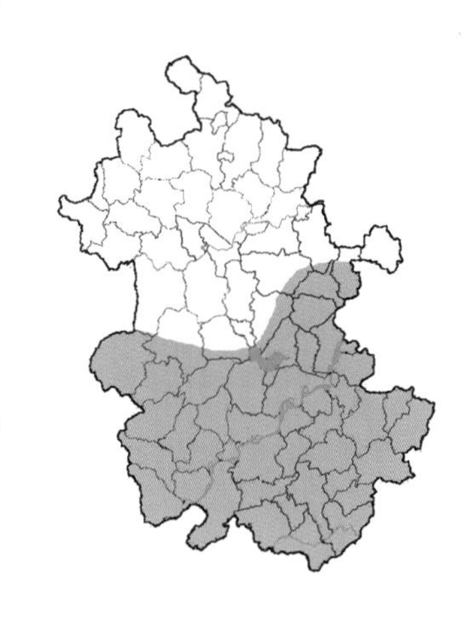

寄主：忍冬科（Caprifoliaceae）的金银忍冬（*Lonicera maackii*）、半边月（*Weigela japonica*）。

分布：六安、合肥、滁州、安庆、芜湖、马鞍山及长江以南各市。

100. 断眉线蛱蝶 *Limenitis doerriesi* Staudinger, 1892

本种与扬眉线蛱蝶相似，但前翅正面中室内白斑上翘明显，中室端具1枚红褐色短线，M_3室及Cu_1室白斑内缘共切线指向Cu_2室白斑内侧而非外侧，外中带M_2室白斑通常比M_1室白斑短，而扬眉线蛱蝶则两斑长度相当；后翅反面亚外缘白斑列内侧具一列黑点。触角末端为棕红色。

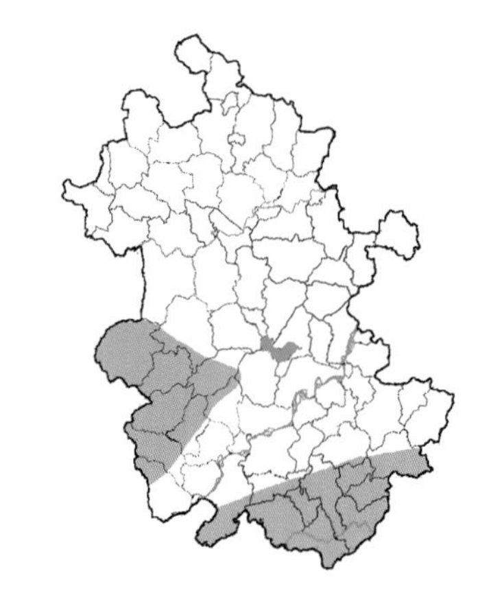

寄主：忍冬科（Caprifoliaceae）的忍冬（*Lonicera japonica.*）。

分布：六安、安庆、池州、黄山、宣城。

101. 倒钩线蛱蝶 *Limenitis recurva* (Leech, 1892)

雄性外生殖器显示此种应归在线蛱蝶属。翅正面黑褐色,前翅中室后缘有1枚条状白斑,与外侧三角形白斑相连,三角形白斑上角呈钩状尖出,外中斑列白色,压顶角有1列小白斑,亚外缘有1列窄白斑;后翅中带白色,其中$Sc+R_1$室的白斑相对独立,亚外缘有1列条状白斑。反面底色为红棕色,斑纹与正面相似,但前翅Cu_2室至M_3室外中斑列内外侧均有黑褐色阴影区;后翅基部沿$Sc+R_1$脉有1枚白斑,中带内侧有数枚黑线,中带外侧有1列深棕色阴影状斑。前后翅均有白色外缘斑列。

分布:池州、黄山。

3.10.4 带蛱蝶属 *Athyma* Westwood, [1850]

102. 幸福带蛱蝶 *Athyma fortuna* Leech, 1889

翅正面黑褐色，前翅中室后缘有1枚条状白斑，亚顶区有2枚小白斑，外中斑列白色，其中R_5室至M_2室白斑较宽，彼此以翅脉分割，M_3室白斑稍小。后翅白色中带两侧具淡蓝色光泽，外中区有1列白色矩形斑，从前缘至内缘逐渐变大。反面底色为红棕色，斑纹与正面相似，但前翅2A室及Cu_2室白斑外侧、Cu_2室至M_3室白斑内侧均为黑褐色，有1列不明显的亚外缘白斑；后翅$Sc+R_1$室基部有1枚白斑，延伸至中室基部，前后翅均有白色外缘斑列。

寄主：茜草科(Rubiaceae)的荚蒾属(*Viburnum* sp.)植物。

分布：六安、安庆、池州、黄山、宣城。

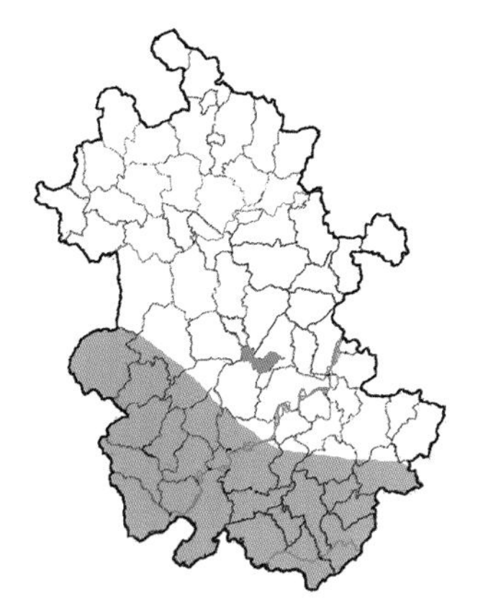

103. 玉杵带蛱蝶 *Athyma jina* Moore, [1858]

本种与幸福带蛱蝶较接近，但前翅中室端不封闭，后翅白色中带附近无明显的淡蓝色光泽。反面后翅肩区为白色，$Sc+R_1$室基部则为红褐色。

寄主：忍冬科（Caprifoliaceae）的菰腺忍冬（*Lonicera hypoglauca*）。

分布：六安、安庆、池州、黄山、宣城。

104. 虬眉带蛱蝶 *Athyma opalina* (Kollar, [1844])

翅正面黑褐色，前翅中室后缘有1枚条形白斑，其上有两处断痕，白斑外侧另有1枚三角形白斑，外中斑列为白色，其中M_1室白斑较长，M_2室白斑较小，M_3室及Cu_1室白斑近圆形，Cu_2室及2A室白斑为倾斜的条状斑，亚外缘斑列白色或不明显，亚外缘线不明显；后翅中带白色，外中斑列白色，亚外缘线不明显。反面底色为红棕色，斑纹与正面接近，但前翅2A室至Cu_1室外中斑两侧有黑褐色阴影，后翅基部有1枚新月形白斑，前后翅具浅灰色亚外缘线。

分布：池州、黄山、宣城。

105. 珠履带蛱蝶 *Athyma asura* Moore, [1858]

翅正面黑褐色，前翅中室内有1枚白色细条，其外侧有1枚小白点，亚顶区有2枚小白点，外中斑列白色，其中M_1室白斑较长，M_2室白斑较小，M_3室及Cu_1室白斑近圆形，Cu_2室及2A室白斑为倾斜的条状斑，亚外缘有1列细白斑；后翅中带白色，外中区有1列近方形白斑，除Cu_2室外，其他白斑上均有小黑点，前后翅亚外缘线不明显。反面底色为红棕色，斑纹与正面接近，但前翅外中斑列外侧有1列白斑，其上有黑点，后翅基部有1枚新月形白斑，前后翅亚外缘线为1列窄白斑。

寄主：茜草科（Rubiaceae）茜草属（*Rubia* sp.）植物。

分布：池州、黄山、宣城。

106. 孤斑带蛱蝶 *Athyma zeroca* Moore, 1872

雌雄异型。雄蝶翅正面黑褐色，前翅亚顶角有不清晰的灰褐色斑，前后翅各有1列不清晰的灰褐色亚外缘线及外缘线，前后翅有1条较宽的白色中带，其中前翅从M_3室抵达2A室，中带两侧具淡蓝色光泽。反面底色为红棕色，斑纹与正面接近，但前翅中室内有1枚条状白斑，中室端外侧有一楔形小白斑，亚顶区有1枚线状白斑，后翅基部有1枚新月形小白斑，前后翅中带外侧有1列深棕色阴影状斑，亚外缘线及外缘线白色。雌蝶翅正面黑褐色，斑纹橘黄色，前翅中室有1枚条状斑，中室端外具一楔形斑，中带从R_5室抵达2A室，具亚外缘斑列，后翅具一窄中带，外中带从前缘向后逐渐加宽，前后翅亚外缘线不清晰。反面底色为红棕色，斑纹与正面相近但颜色较浅，前后翅中带外侧具深棕色阴影状斑，前翅中带内侧具深棕色区域。

寄主：茜草科(Rubiaceae)植物。

分布：池州、黄山。

107. 新月带蛱蝶 *Athyma selenophora* (Kollar, [1844])

雌雄异型。雄蝶翅正面黑褐色，前翅中室内有2枚不明显的暗红色斑，前翅亚顶区有3枚小白斑，中带为从M_3室至2A室的白色斑列，后翅中带白色，前后翅亚外缘斑列及外缘斑列均不清晰；反面底色为红棕色，斑纹与正面接近，但前翅中室内及中室端有数枚不规则白斑，后翅基部有1枚新月形白斑，前后翅中带外侧具深棕色阴影状斑，前后翅各有1列白色亚外缘斑及1列外缘斑。雌蝶翅正面黑褐色，前翅中室后缘有1枚条形白斑，其上有两处断痕，白斑外侧另有1枚三角形白斑，外中斑列为白色，其中M_2室白斑较小，M_3室及Cu_1室白斑近圆形，Cu_2室及2A室白斑为倾斜的条状斑，亚外缘斑列白色，亚外缘线灰褐色；后翅中带白色，外中斑列白色，亚外缘线灰褐色。反面底色为红棕色，斑纹与正面接近，但前翅2A室至Cu_1室外中斑两侧有黑褐色阴影，后翅基部有1枚新月形白斑，前后翅具白色亚外缘线。

寄主：茜草科(Rubiaceae)的水团花(*Adina pilulifera*)。

分布：池州、黄山。

3.10.5 环蛱蝶属 *Neptis* Fabricius,1807

108. 小环蛱蝶 *Neptis sappho* (Pallas, 1771)

翅正面黑褐色,前翅中室内有1枚条状白斑,其外部有时有不明显的断痕,中室端外侧有1枚三角形白斑,外中斑列从R_4室到达2A室,但在M_2室缺失,外中线及外缘线不明显,亚外缘有1列小白点;后翅中带白色,中线较模糊,外中区有1列矩形白斑,亚外缘线不明显。翅反面底色为红棕色,斑纹与正面接近,但前翅有较弱的白色外中线,Cu_2室、Cu_1室、M_2室、M_1室具白色外缘线,后翅基部及亚基部各有一弯曲的条状白斑,中线、亚外缘线白色,外缘线通常较弱。

寄主:豆科(Leguminosae)的胡枝子属(*Lespedeza sp.*)、山黧豆属(*Lathyrus* sp.)等。

分布:全省广布。

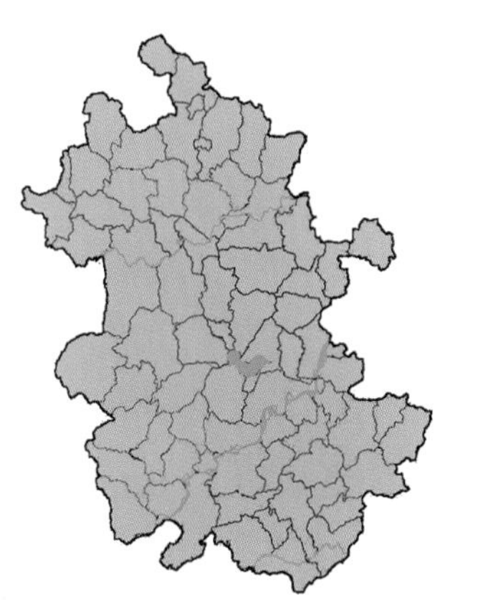

109. 中环蛱蝶 *Neptis hylas* (Linnaeus, 1758)

近似小环蛱蝶，但体型较大，前翅外中带较发达，M_1室及R_5室2枚外中斑重叠部分较长，仅以翅脉分割。反面底色为棕黄色而非棕红色，各白斑多少都饰以黑边。

寄主：豆科(Leguminosae)的胡枝子属(*Lespedeza* sp.)，野葛(*Pueraria lobata*)等植物。

分布：淮河以南各市。

110. 耶环蛱蝶 *Neptis yerburii* Butler, 1886

与小环蛱蝶较近似，但前翅中室条较细且没有中断痕迹，外侧的三角形斑较长且尖锐，反面底色没有小环蛱蝶红。

分布：池州、黄山、宣城。

111. 珂环蛱蝶 *Neptis clinia* Moore, 1872

与耶环蛱蝶近似，但前翅 R_4室和 R_5室缘毛常为黑褐色，反面前翅中室条与外侧的三角形斑相连，后翅中线与亚外缘线连续而不为翅脉所截断。

分布：池州、黄山、宣城。

112. 娑环蛱蝶 *Neptis soma* Moore, 1858

与小环蛱蝶较近似，但正面斑纹为乳白色而非白色，反面前翅外中线较明显，后翅中带在前缘处加宽，外缘线及亚外缘线明显而连续。

分布：黄山、宣城。

113. 啡环蛱蝶 *Neptis philyra* Ménétriès, 1859

翅正面黑褐色，前翅中室有1枚白色条状斑，与外侧白斑融合，外中带为1列白斑，其中R_5室、M_1室、M_3室白斑较宽，M_2室白斑很小，亚外缘有1列窄白斑；后翅中带白色，具白色外中斑列。翅反面底色为红棕色，前翅Cu_2室及Cu_1室黑褐色，白斑与正面接近，但较发达，前翅具1列灰白色外缘斑，后翅有白色亚基斑及1列灰白色亚外缘斑。

分布：六安、安庆、池州、黄山、宣城。

114. 断环蛱蝶 *Neptis sankara* (Kollar, [1844])

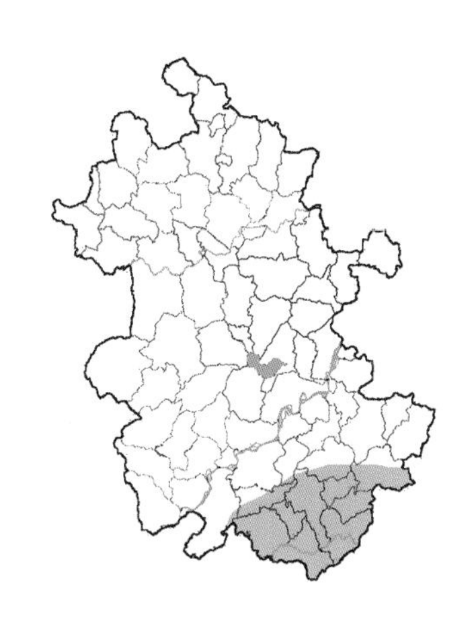

翅正面黑褐色,前翅中室内有1枚条状白斑,其外侧有1枚楔形白斑,外中斑列白色,在R_5室及M_1室较宽,在M_2室较小,在M_3室至2A室接近等宽;后翅具1条白色中带及1列白色外中斑,前后翅有不明显的灰褐色亚外缘线。反面底色为红棕色,Cu_2室及Cu_1室外中斑内侧为黑褐色,白斑与正面接近,但前翅中室条与外侧条融合,有1列白色亚外缘斑及1列外缘斑,后翅具白色亚基条及亚外缘线。

分布:池州、黄山、宣城。

115. 司环蛱蝶 *Neptis speyeri* Staudinger, 1887

翅正面黑褐色，前翅中室有1枚条状白斑，与外侧白斑下侧融合，上侧有一缺刻，外中带为1列白斑，其中R_5室为1列长白斑，M_1室白斑稍窄，M_2室白斑消失，M_3室及Cu_1室白斑较发达，亚外缘有1列窄白斑；后翅中带白色，具白色外中斑列。翅反面底色为红棕色，前翅Cu_2室及Cu_1室黑褐色，白斑与正面接近，但较发达，前翅具1列灰白色外缘斑，后翅有白色亚基斑及1列灰白色亚外缘斑。

分布：池州、黄山、宣城。

116. 黄环蛱蝶 *Neptis themis* Leech, 1890

翅正面黑褐色，斑纹淡黄色或乳白色，前翅中室内有1枚很长的条状斑，亚顶角有3枚小斑，前缘中部偏外有2枚不明显的淡色斑，M_3室近基部有1枚较宽的斑，其下侧靠外另有1枚小斑，2A室外部有1枚淡色窄斑，亚外缘线较模糊；后翅中带略窄，具1列模糊的外中斑。反面底色为棕红色至棕黄色，Cu_1室及Cu_2室灰褐色，斑纹与正面接近，但颜色较淡，前翅前缘中部偏外有数枚模糊的浅灰色斑，亚外缘线在M_1室为浅灰色；后翅具浅灰色亚基条，外中斑列为浅灰色。

分布：池州、黄山、宣城。

117. 玛环蛱蝶 *Neptis manasa* Moore, [1858]

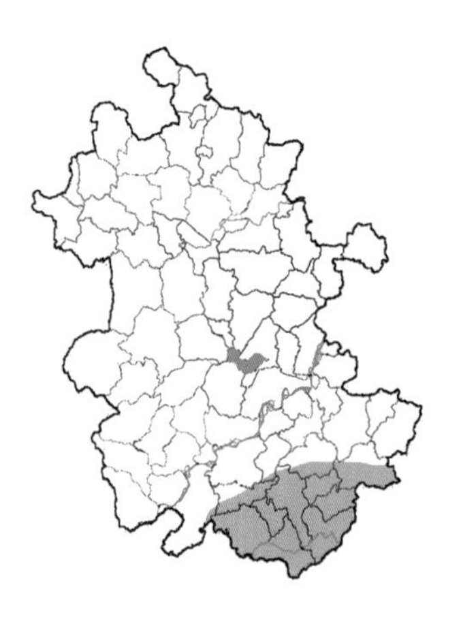

翅正面黑褐色，斑纹橘黄色至淡黄色，前翅中室内有1枚很长的条状斑，并在中室外与M_3室斑，进而与Cu_1室斑融合，亚顶角具数枚相连的淡色斑，2A室外部及其上方有1枚倾斜的窄斑，前翅前缘中部靠外有2枚白色小斑，具模糊的亚外缘线；后翅中带向内缘逐渐变窄，具1列外中斑。反面底色为茶褐色，Cu_1及Cu_2室外中斑内侧为黑褐色，斑纹与正面接近，但颜色稍淡，前翅亚顶角斑仅在R_5室或以上出现，为白色；后翅M_1室至$Sc+R_1$室亚基部、中室基部各有1枚灰白色斑，中带外侧有1条灰白色中线。

分布：池州、黄山、宣城。

118. 折环蛱蝶 *Neptis beroe* Leech, 1890

翅正面黑褐色，斑纹橘黄色至淡黄色，前翅中室内有一较长的条状斑，亚顶角有数枚斑，其中R_5室斑较宽，M_1室斑较窄，位于前者下方靠外，M_3室基部具1枚较宽的斑，其下方偏外另有1枚稍窄的斑，2A室外部及其上方有1枚倾斜的窄斑，亚外缘线模糊；后翅中带各处等宽，具1列较窄的外中斑。翅反面底色为黄褐色，Cu_1室及Cu_2室外中斑内侧为灰白色，斑纹与正面接近，但颜色稍淡。

分布：池州、黄山、宣城。

119. 羚环蛱蝶 *Neptis antilope* Leech, 1890

翅正面黑褐色，斑纹橘黄色至淡黄色，前翅中室内有1枚条斑，亚顶角有3枚淡色斑，M_3室及Cu_1室有1枚近圆形斑，2A室外部及其上方有1枚倾斜的窄斑，亚外缘线模糊；后翅中带略窄，各处等宽，具1列外中斑。反面底色为淡黄色，前翅M_2室及以上各室基半部红棕色，Cu_1室及Cu_2室基半部灰色，斑纹与正面接近，但颜色为浅黄色至乳白色，后翅白色中带外侧有一红棕色暗带。

分布：池州、黄山、宣城。

120. 链环蛱蝶 *Neptis pryeri* Butler, 1871

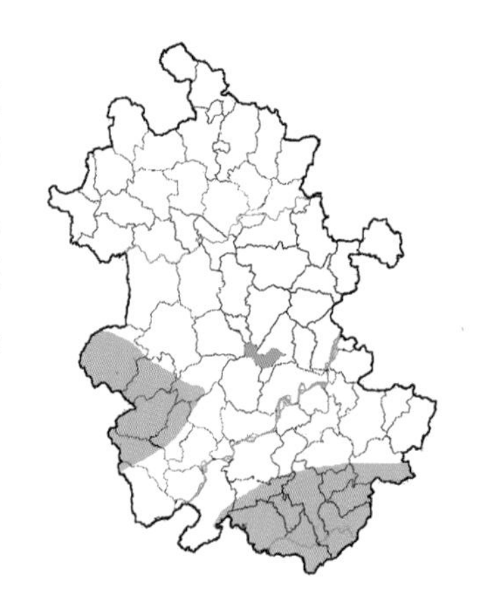

翅正面黑褐色，前翅中室基部有1列白色条及数枚白斑，外中斑列被1条底色带分成内外两部分，内侧部分较大，其中R_5室白斑较宽，M_2室白斑非常小，Cu_2室、Cu_1室、M_2室及M_1室具亚外缘斑；后翅中带较窄，外中斑列宽度与中带相当。反面底色为红棕色，Cu_1室及Cu_2室外中斑内侧为黑褐色，斑纹与正面接近，但前翅中室白斑较大，前翅前缘中部有2枚小白斑，具外缘斑列；后翅基部白色，有数枚小黑斑，具1列亚外缘斑。

分布：六安、安庆、池州、黄山、宣城。

121. 单环蛱蝶 *Neptis rivularis* (Scopoli, 1763)

与链环蛱蝶近似，但正面前翅前缘中部有2枚小白斑，后翅中带一般稍宽，稍远离基部且被翅脉分开，外中带不明显。反面后翅基部为底色，具一白色亚基条，无黑斑。数量稀少，分布海拔高，一年发生一代。

分布：六安、安庆。

122. 重环蛱蝶 *Neptis alwina* (Bremer et Grey, [1852])

翅正面黑褐色，前翅中室条斑白色，与外侧白斑融合，上方有一缺刻，外中斑白色，并在M_1室及R_5室分为2列，亚外缘斑白色；后翅中带白色，各处等宽，外中斑列略窄。翅反面底色为红棕色，Cu_1室及Cu_2室外中斑内侧为灰褐色，斑纹与正面接近，但前翅具白色外缘斑，后翅具白色亚基条及1列白色亚外缘斑。

寄主：蔷薇科（Rosaceae）的枇杷（*Eriobotrya japonica*）等植物。

分布：六安、安庆、池州、黄山、宣城。

123. 阿环蛱蝶 *Neptis ananta* Moore, 1858

翅正面黑褐色，斑纹橘黄色，前翅中室条与外侧斑融合，上有一缺刻，亚顶角有3枚斑，Cu_1室及M_3室下侧有1枚近圆形斑，2A室外部及其上方有1枚倾斜的窄斑，亚外缘线不明显；后翅中带较细，外中带与中带宽度相当，中线及亚外缘线不明显。反面底色为红棕色，Cu_1室外中斑内侧及Cu_2室灰褐色，斑纹与正面接近，但前翅具灰色外中线及灰色亚外缘线，后翅具灰色基条，灰色中线及灰色亚外缘线。

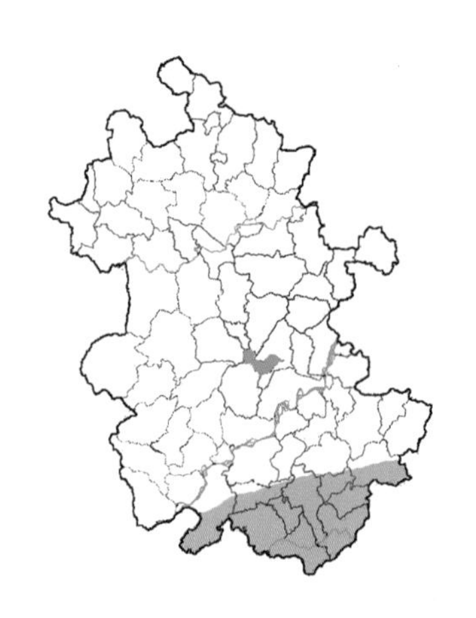

分布：池州、黄山、宣城。

3.11 绢蛱蝶亚科 Calinaginae

3.11.1 绢蛱蝶属 *Calinaga* Moore, 1858

124. 哈绢蛱蝶 *Calinaga lhatso* Oberthür, 1893

翅鳞片稀薄，正面灰黑色，斑纹浅黄色，前翅中室内有1枚不清晰的条斑及1枚倾斜的斑，两斑下侧有时融合，中斑列被底色带分为内外2列，外列为椭圆形小斑，内列斑较大，其中Cu_2室斑向内延伸至基部；后翅基半部浅黄色，翅脉黑色，沿翅脉有灰黑色加粗的脉纹，外部有3列浅黄色斑，其中内列较大，多融入基半部黄斑中，中列为近三角形或椭圆形斑，外列为条形，有时3列斑会融合在一起。反面前翅基半部与正面相似，前翅端半部及后翅为浅黄色，仅翅脉为黑色。春季发生一代，常见于溪水边，以蛹越冬。安徽分布的为天目亚种ssp. *pacifica* Mell,1938。

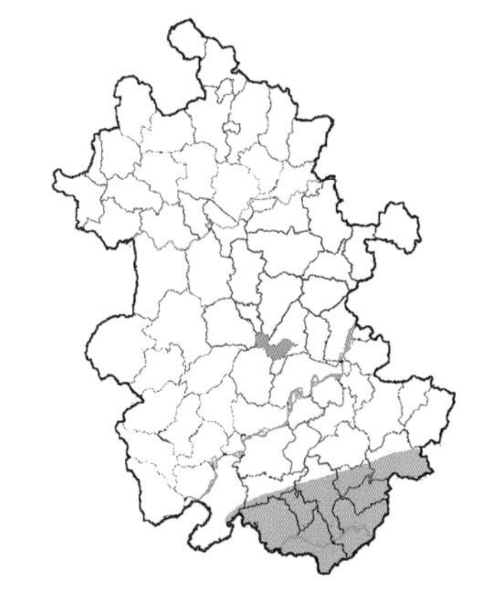

分布：池州、黄山、宣城。

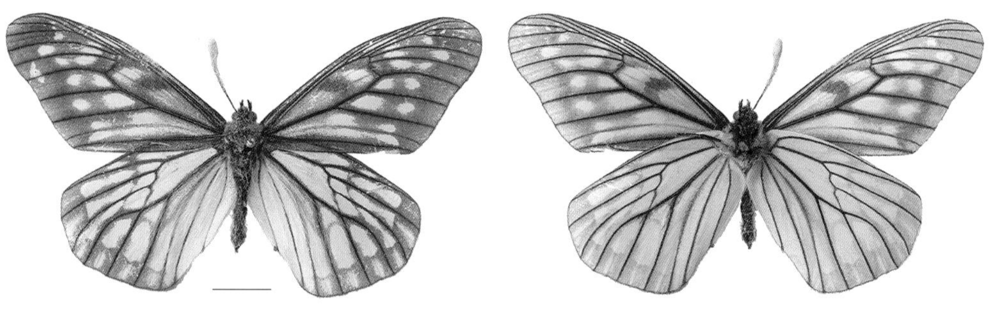

125. 大卫绢蛱蝶 *Calinaga davidis* Oberthür, 1879

翅鳞片稀薄，正面灰色，前翅中室基半部有1枚白斑，其外侧有1枚白色斜斑，中斑列白色且十分宽阔，抵达各室基部，外中斑为1列椭圆形白斑，有时与中斑列融合，亚外缘斑列较模糊；后翅中室白色，中斑列为1列条形白斑，占据各室基半部，其中$Sc+R_1$室到M_2室有1条倾斜的底色细带将白斑分为两部分，外中区有1列椭圆形白斑，有时与中斑列融合，亚外缘斑列模糊。反面底色为浅灰黄色，斑纹与正面相似。春季发生一代，稍晚于哈绢蛱蝶，以蛹越冬。

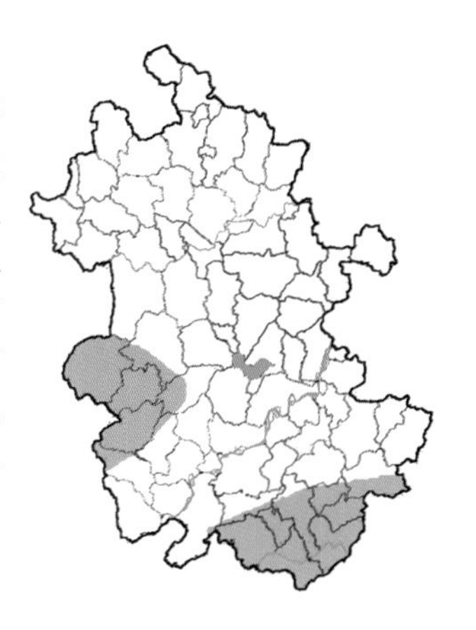

寄主：桑科（Moraceae）的鸡桑（*Morus australis*）等植物。

分布：六安、安庆、池州、黄山、宣城。

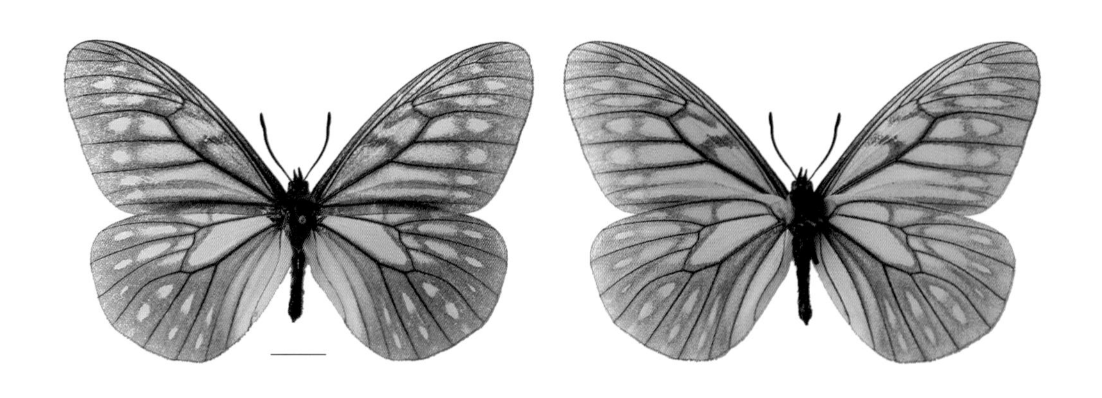

4 蚬蝶科 Riodinidae

古蚬蝶亚科 Nemeobiinae

蚬蝶科成虫为小型美丽的蝴蝶,与灰蝶科很相似,是从该科中分出来的。成虫头小。复眼无毛,有凹入,以适应触角的基部;下唇须短;触角细长,端部明显呈锤状。雌蝶前足正常。雄蝶前足退化,缩在胸部下无作用;跗节只有1节,刷状,无爪,基节在转节下有一突出。前翅R脉5条,后3条在基部合并;A脉1条。后翅肩角加厚,肩脉发达,A脉2条,通常无尾突。前后翅中室多为开式。喜在阳光下活动,飞行迅速,但飞行距离不远。休息时四翅半展开。卵近圆球形,表面有小突起。幼虫蛞蝓型,体被细毛,与灰蝶相似。有的种类与蚁共栖。蛹为缢蛹,短粗钝圆,生有短毛。寄主主要为禾本科、紫金牛科(Myrsinaceae)植物。

4.1 古蚬蝶亚科 Nemeobiinae

4.1.1 褐蚬蝶属 *Abisara* Felder et Felder, 1860

1. 白带褐蚬蝶 *Abisara fylloides* (Moore, 1902)

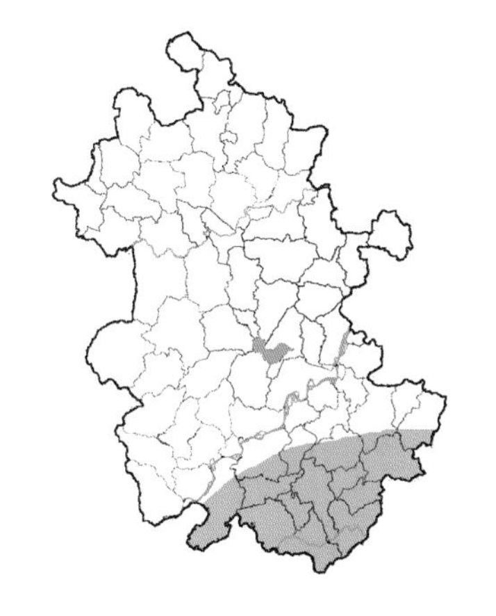

翅正面黑褐色，从前翅前缘经中室端部至后角具1条黄白色带；后翅亚外缘具1列椭圆形黑斑，其外端具小白点。反面深灰褐色，斑纹与正面相似，但后翅外中区有一极其模糊的浅色带。

分布：池州、黄山、宣城。

2. 白点褐蚬蝶 *Abisara burnii* (de Nicéville, 1895)

翅正面深红褐色，亚外缘有1列短白线，后翅M_1室及M_2室亚外缘线内侧各有1枚黑斑，外中区有1列模糊的暗斑。反面红褐色，斑纹与正面相似，但前翅具白色中斑列及外中斑列，后翅中斑列白色，其中M_3室1枚外移，Cu_2室至M_3室端半部有1列向内突出的"V"形白斑，2A室外部有1枚白斑。

寄主：紫金牛科(Myrsinaceae)植物。

分布：池州、黄山、宣城。

4.1.2 波蚬蝶属 Zemeros Boisduval, [1836]

3. 波蚬蝶 *Zemeros flegyas* (Cramer, [1780])

翅正面深红褐色，沿翅脉有红褐色条纹，前后翅外中区及外缘各有1条模糊的红褐色带，亚基部有数枚短白线，中区及亚外缘各有1列小白斑，前翅外中区M_3室、M_1室至R_4室及后翅外中区M_3室各有1枚小白斑。反面红褐色，沿翅脉有浅红褐色条纹，前后翅外中区及外缘各有1条模糊的浅红褐色带，斑纹与正面相似。

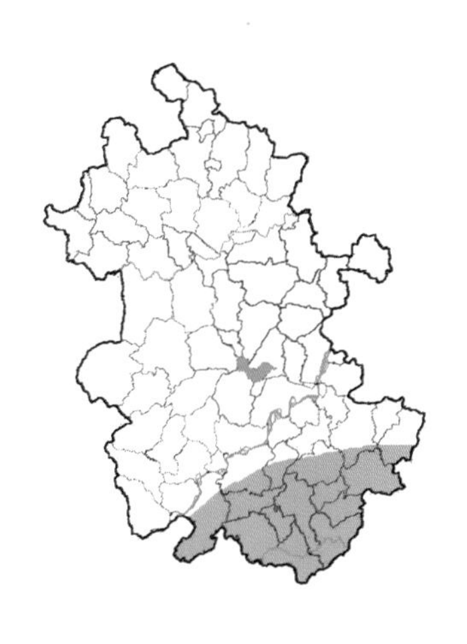

寄主：紫金牛科(Myrsinaceae)的杜茎山(*Maesa japonica*)等。

分布：池州、黄山、宣城。

5 灰蝶科 Lycaenidae

云灰蝶亚科 Miletinae

线灰蝶亚科 Theclinae

灰蝶亚科 Lycaeninae

眼灰蝶亚科 Polyommatinae

灰蝶科成虫均为小型(极少中型)美丽的蝴蝶;翅正面常呈红、橙、蓝、绿、紫、古铜等颜色,翅反面的图案和颜色与正面不同,多为灰、白、赭、褐等色。雌雄异型,正面色斑不同,但反面相同。复眼互相接近,其周围有一圈白毛;触角短,锤状,每节有白色环。雌蝶前足正常;雄蝶前足正常或跗节及爪退化。前翅 R_4 脉消失,R 脉常只有 3~4 条(少数属如 *Pentila*、*Stryx* 为 5 条);A 脉 1 条,不少种可见基部有 3A 脉并入。后翅除 Poritiinae 外无肩脉;A 脉 2 条,有时有 13 个尾突。前后翅中室闭式或开式。生活在森林中,少数种为害农作物及在平地发现。爱在日光下飞行。卵半圆球形或扁球形;精孔区凹陷,表面满布多角形雕纹,散产在嫩芽上。幼虫蛞蝓型。即身体椭圆形而扁,边缘薄而中部隆起;头小,缩在胸部内;足短。体光滑或多细毛,或具小突起。第七节背板上常有腺开口,其分泌物为蚂蚁所爱好,与蚂蚁共栖。蛹为缢蛹。椭圆形,光滑或被细毛。有些种类化蛹在丝巢中,丝巢在植物上或地面上。寄主多为豆科,也有捕食蚜虫和介壳虫的。

5.1　云灰蝶亚科 Miletinae

5.1.1　云灰蝶属 *Miletus* Hübner, [1819]

1. 中华云灰蝶 *Miletus chinensis* Felder et Felder, 1862

翅正面黑褐色，前翅中室、M_3室至Cu_2室具弧形排列的1列白斑。反面灰色，前翅外中区有一灰白色区域，基半部有一褐色阴影，前后翅斑纹由灰白色边围成，多不清晰。

寄主：蚜科（Aphididae）。
分布：黄山、池州。

5.1.2 蚜灰蝶属 *Taraka* Doherty, 1889

2. 蚜灰蝶 *Taraka hamada* (Druce, 1875)

翅正面黑灰色，前翅中部偶尔会有模糊的白斑。翅反面白色，前后翅均散布黑色斑点，具黑色外缘线，外缘各翅脉端具黑点。雌蝶翅型稍圆。

寄主：蚜科（Aphididae）的棉蚜（*Aphis gossypii* Glover）。

分布：淮南、六安、合肥、安庆、芜湖、马鞍山及长江以南各市。

5.2 银灰蝶亚科 Curetinae

5.2.1 银灰蝶属 *Curetis* Hübner, [1819]

3. 尖翅银灰蝶 *Curetis acuta* Moore, 1877

雄蝶翅正面黑褐色，前翅中室后缘、Cu_2室基部、Cu_1室基部及M_3室基部各有1枚橙色斑；后翅上半部橙斑排列形如字母"C"状。反面银白色，散布黑褐色鳞片，前翅顶角至后缘中部以及后翅前缘中部至臀角有1列不明显的斑纹。雌蝶与雄蝶近似，但正面斑纹为白色，分布在前翅中部。秋型个体前翅顶角、后翅外缘M_3脉及2A脉处突出较明显，雄蝶正面橙红色斑更发达，雌蝶前翅中域至基部有大面积白斑，在中室端有一底色缺刻，后翅白斑也很发达，中室端具一灰褐色斑。以成虫越冬。

寄主：豆科(Leguminosae)的紫藤(*Wisteria sinensis*)、野葛(*Pueraria lobata*)。

分布：六安、合肥、滁州、安庆、芜湖、马鞍山及长江以南各市。

5.3 线灰蝶亚科 Theclinae

5.3.1 癞灰蝶属 *Araragi* Sibatani et Ito, 1942

4. 杉山癞灰蝶 *Araragi sugiyamai* Matsui, 1989

翅正面黑灰色，前翅Cu_1室中部、M_3室基半部、M_2室基部及M_1室基部各有1枚白斑；后翅外缘在Cu_1脉及M_1脉处略向外突出，Cu_2脉处具尾突，白色外缘线被翅脉所截断。反面底色为灰白色，斑纹黑色至黑褐色，前翅中室基半部有1枚黑色圆点，中室端部有一近矩形黑斑，外中斑列从R_3室到达Cu_2室，其中M_3室1枚内移，

Cu_2室1枚内移明显，亚外缘从R_5室至Cu_2室有1列逐渐增大的黑斑，具黑褐色亚外缘线及外缘线；后翅亚基部有4枚黑色小圆斑，中室端有1枚条形黑斑，中斑列黑色至黑褐色，呈弧形排列，中斑列与外中斑列之间有1列不清晰的灰褐色斑，Cu_1室外中斑外侧及臀角各有1枚橙色斑，其中Cu_1室橙斑上有黑色圆斑，后翅具黑褐色亚外缘线及外缘线。一年发生一代，以卵越冬。

寄主：胡桃科(Juglandaceae)植物。

分布：黄山、宣城。

5. 癞灰蝶 *Araragi enthea* (Janson, 1877)

翅正面黑灰色，前翅 Cu_1 室中部、M_3 室基半部、M_2 室基部及 M_1 室基部各有1枚模糊的白斑；后翅外缘在 Cu_1 脉及 M_1 脉处略向外突出，Cu_2 脉处具尾突，白色外缘线被翅脉所截断。反面底色为灰白色，前翅中室内有1枚大黑斑，中室端有一黑色条斑，外中斑排列不规则，其中 R_3 室至 R_5 室为3枚条状黑斑，其外侧 M_1 室及 M_2 室为2枚紧挨的近方形黑斑，M_3 室黑斑位于基半部，Cu_1 室为1枚较宽的椭圆形黑斑，Cu_2 室基部及中部各有1枚黑斑，亚外缘黑斑从 R_4 室至 Cu_2 室逐渐增大，R_5 室1枚则稍大于 R_4 室，前翅具黑褐色亚外缘线及外缘线；后翅亚基部有4枚黑色圆斑，中室端部有1枚黑色条斑，中斑列黑色至黑褐色，呈弧形排列，中斑列与外中斑列之间有1列不清晰的灰褐色斑，Cu_1 室外部至臀角有一橙色斑，其上有2枚黑点，后翅具黑褐色亚外缘线及外缘线。一年发生一代，以卵越冬。

寄主：胡桃科(Juglandaceae)胡桃属(*Juglans* sp.)植物。

分布：黄山、宣城。

5.3.2 珂灰蝶属 *Cordelia* Shirôzu et Yamamoto, 1956

6. 珂灰蝶 *Cordelia comes* (Leech, 1890)

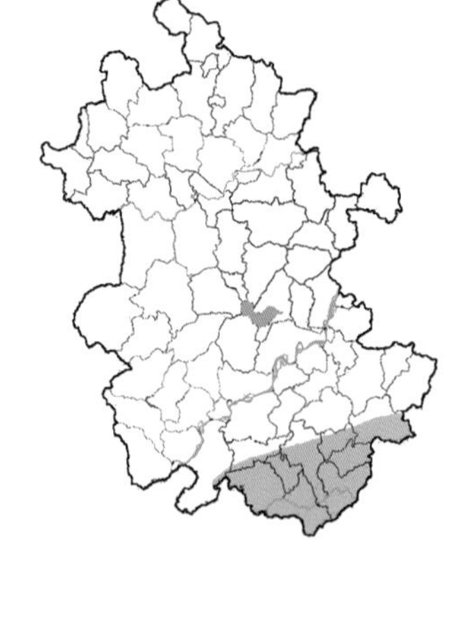

翅黄色，正面前翅顶角及外缘上部黑褐色，后翅具黑色外缘线，Cu_2脉端具尾突。反面前翅亚外缘具1列白色线状斑，Cu_2室及Cu_1室具模糊的白色亚外缘线；后翅外中线白色，亚外缘具1列波状白线，其外侧为1列橙色斑，外缘线白色，外缘黑色。一年发生一代，以卵越冬。

寄主：桦木科(Betulaceae)鹅耳枥属(*Carpinus* spp.)植物。

分布：黄山、宣城。

5.3.3 赭灰蝶属 *Ussuriana* Tutt, [1907]

7. 范赭灰蝶 *Ussuriana fani* Koiwaya, 1993

雄蝶正面黑褐色，前翅 Cu_2 室及 Cu_1 室有1枚近圆形橙色斑。反面淡黄色，前后翅亚外缘具1列月牙形银白色斑，其外缘有1列模糊的橙红色斑，但前翅 Cu_2 室月牙形斑外缘另有1枚黑斑，前后翅橙红色斑外侧有1列模糊的银白色斑点，后翅 Cu_1 室橙红色斑外侧及后翅臀角各有1枚黑斑，前后翅外缘黑色。雌蝶与雄蝶相似，但翅型稍圆，体型更大，正面前翅中域至基部有1枚大面积的橙色斑，其外缘弧形，基部略成褐色；后翅亚外缘有1列橙色斑，其中 Cu_1 室斑上另有1枚黑色圆点。一年发生一代，以卵越冬。

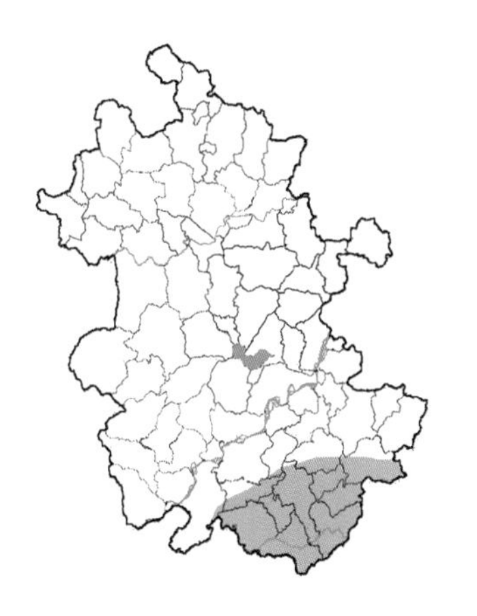

寄主：木犀科（Oleaceae）的白蜡树（*Fraxinus chinensis*）。

分布：黄山、宣城。

8. 赭灰蝶 *Ussuriana michaelis* (Oberthür, 1880)

与范赭灰蝶极为近似，外观上不易区分。雌蝶正面前翅橙色斑可达亚外缘，并在Cu_2室外部具1枚黑褐色斑；后翅基半部为赭褐色或者为底色。据Koiwaya (2007)，安徽黄山所产仍为指名亚种。一年发生一代，以卵越冬。

寄主：木犀科(Oleaceae)植物。

分布：六安、安庆、黄山、宣城。

5.3.4 黄灰蝶属 *Japonica* Tutt, [1907]

9. 黄灰蝶 *Japonica lutea* (Hewitson, 1865)

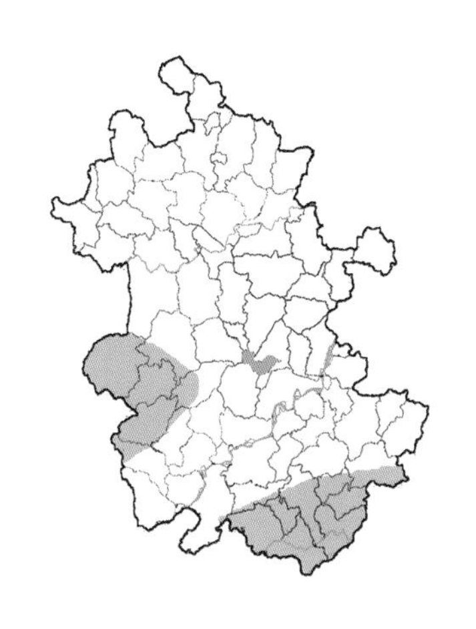

翅正面黄色,前翅顶角及外缘上部黑色;后翅亚外缘 Cu_1 室有1枚黑色圆点,亚外缘线及外缘线黑色,Cu_2 脉端具尾突。反面黄褐色,前翅中室端具1枚较宽深黄褐色的条斑,两侧具白边,前后翅中带深黄褐色,较宽,两侧具白边,前翅后翅亚外缘有一橙色区,其内侧及外侧各有1列黑斑及1列白斑,后翅橙色区上有1列黑色圆点。

寄主: 壳斗科(Fagaceae),麻栎属(*Quercus* sp.)、青冈属(*Cyclobalanopsis* sp.)植物。

分布: 六安、安庆、池州、黄山、宣城。

10. 栅黄灰蝶 *Japonica saepestriata* (Hewitson, 1865)

翅黄色，正面前翅顶角及外缘上部黑色；后翅亚外缘Cu_1室有时有1枚黑色圆点，外缘线黑色，Cu_2脉端具尾突。反面遍布网格状黑斑，后翅臀角处橙红色，具2枚小黑斑。

分布：黄山、宣城。

5.3.5 璐灰蝶属 *Leucantigius* Shirôzu et Murayama, 1951

11. 璐灰蝶 *Leucantigius atayalicus* (Shirozu et Murayama, 1943)

翅正面黑灰色，后翅 Cu_1 室有1枚色圆斑，具灰白色外缘线，Cu_2 脉端具尾突。反面灰白色，斑纹黑灰色，前翅中室端有2枚短线，Cu_2 室基半部有一短线，前后翅具黑灰色中线及外中线，亚外缘有1列波状线，外缘有1列模糊的灰色斑，后翅基部及亚基部有数枚短线，臀角处在 Cu_1 室有1枚橙红色新月形斑及1枚黑色斑。一年发生一代，以卵越冬。

寄主：壳斗科(Fagaceae)的青冈(*Cyclobalanopsis glauca*)等植物。

分布：黄山、宣城。

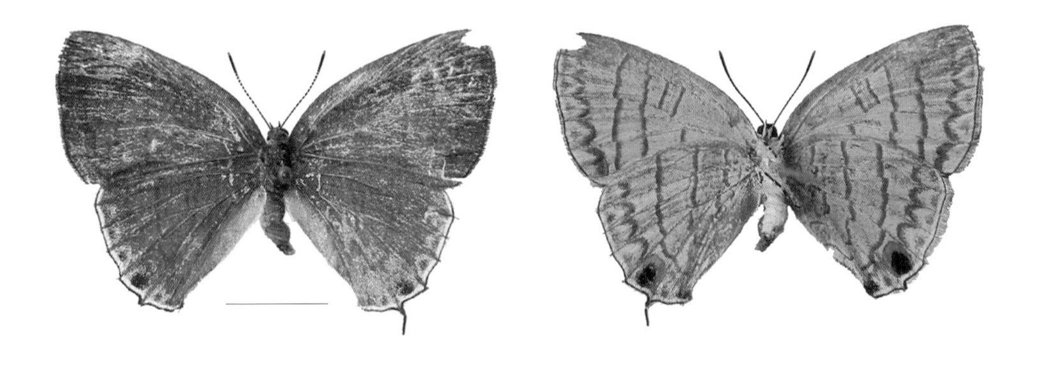

5.3.6 冷灰蝶属 *Ravenna* Shirôzu et Yamamoto, 1956

12. 冷灰蝶 *Ravenna nivea* (Nire, 1920)

雄蝶翅正面具淡蓝色光泽，前翅中部Cu_2室至M_3室及后翅外中域具白色鳞片，后翅外缘线白色，Cu_2脉端具尾突。反面白色，斑纹深灰色，前翅中室具2枚短线，Cu_2室外半部有2枚灰色小圈，经常相连，前翅R_5室至Cu_1室及后翅具中线和外中线，其中后翅2条线逐渐靠近，并在Cu_2室发生内移及转折，前后翅亚外缘具1列黑灰色斑，外缘有1列模糊的灰色斑，后翅基部有数枚短线，Cu_1室外缘及臀角处各具1枚橙色斑及1枚黑色斑。雌蝶正面白色，翅基部具灰色鳞片，前翅顶区、亚顶区、前缘区、亚外缘区及外缘区为黑灰色，中室端有1枚黑斑；后翅中室端脉黑色，具1列模糊的黑灰色亚外缘斑及外缘斑。反面与雄蝶相似。一年发生一代，以卵越冬。

寄主：壳斗科(Fagaceae)青冈(*Cyclobalanopsis glauca*)等植物。

分布：黄山、宣城。

5.3.7 华灰蝶属 *Wagimo* Sibatani et Ito, 1942

13. 斜纹华灰蝶 *Wagimo asanoi* Koiwaya, 1999

翅正面黑灰色,前翅中室、M_3室基部、Cu_1室至2A室亚缘区以内具蓝色光泽,后翅色稍浅,中室及附近有蓝色鳞片,具白色外缘线,Cu_2脉端有尾突。反面灰褐色,前翅中室端半部有2条白线,外中域有2条平行的白色条纹,亚外缘从R_5室至Cu_2室有1列逐渐增大的黑斑,其两侧具白边,外缘线白色,Cu_2室中部有一倾斜的白线,指向中室斑;后翅中线白色,其内侧另有数条白线,亚外缘有2列波状白线,Cu_1室外部及臀角各有1枚橙红色斑,前者中部有1枚黑色圆斑,外缘线白色。一年发生一代,以卵越冬。

寄主: 壳斗科(Fagaceae)的褐叶青冈(*Cyclobalanopsis stewardiana*)、小叶青冈(*Cyclobalanopsis myrsinifolia*)等植物。

分布: 黄山、宣城。

14. 西格华灰蝶 *Wagimo signata* (Butler, [1882])

与斜纹华灰蝶较近似，但正面后翅除前缘区外均有蓝色鳞片，翅脉黑色。反面棕褐色，前翅 Cu_2室中部无倾斜的白线，后翅臀角橙色斑较发达。一年发生一代，以卵越冬。

寄主：壳斗科(Fagaceae)植物。

分布：池州、黄山。

5.3.8 铁灰蝶属 *Teratozephyrus* Sibatani, 1946

15. 阿里铁灰蝶 *Teratozephyrus arisanus* (Wileman, 1909)

翅正面黑褐色,前翅中室端外侧及M_3室各有1枚橘黄色斑,后翅白色外缘线不清晰,Cu_2脉端具尾突。反面白色,斑纹黑褐色,前翅中室端有1条斑,具较粗的外中带,亚外缘从R_5室至Cu_2室有1列逐渐增大的斑,两侧有模糊的暗色线;后翅中室端具1条斑,常与中带相连,外中线黑褐色,亚外缘具1列模糊的斑,亚外缘线模糊,臀角处具橙红色斑,其中Cu_1室橙红色斑中部有1枚黑色圆斑。一年发生一代,以卵越冬。

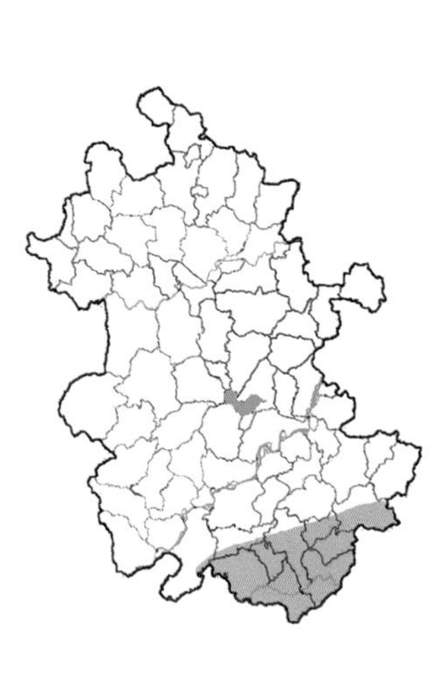

寄主:壳斗科(Fagaceae)的青冈(*Cyclobalanopsis glauca*)等植物。

分布:黄山、宣城。

5.3.9 三枝灰蝶属 *Saigusaozephyrus* Koiwaya, 1993

16. 三枝灰蝶 *Saigusaozephyrus atabyrius* (Oberthür, 1914)

雄蝶翅正面黑褐色，前后翅中域及基部具暗紫色光泽，后翅 Cu_2 脉端具尾突。反面白色，斑纹黑灰色，前翅中室端具一线状斑，亚外缘斑模糊；后翅中线断为三部分，臀区中部另有一折线，亚外缘及外缘有 3 列不清晰的斑，Cu_2 室基部有 1 枚黑色圆点，Cu_1 室外部及臀角各有 1 枚橙色斑，前者中部具 1 枚黑色圆斑。雌蝶正面黑褐色，前翅 M_1 室、M_2 室基部、M_3 室及 Cu_1 室有模糊的白斑，后翅亚外缘有 1 列白斑及 1 列白色外缘线，Cu_1 室外缘具 1 枚黑色圆斑，Cu_2 脉端具尾突。反面与阿里铁灰蝶非常近似，但后翅 Cu_2 室基部有 1 枚黑色圆点。一年发生一代，以卵越冬。

分布：池州、黄山。

5.3.10 何华灰蝶属 *Howarthia* Shirôzu et Yamamoto, 1956

17. 苹果何华灰蝶 *Howarthia melli* (Forster, 1940)

据 Ueda et Koiwaya(2007),*Howarthia cheni* 应为本种之异名。翅正面黑褐色,前翅基半部具深蓝色光泽,M_3室中部通常有1枚橙色斑,后翅Cu_2脉端具尾突。反面褐色,前后翅中室端斑白色,通常不明显,外中线白色,前翅亚外缘有1列白线,内侧具黑褐色阴影;后翅亚外缘M_3室Rs室各有1枚波状白斑,臀角至Cu_2室具橙色斑,其中Cu_1室橙斑中部有1枚黑色圆斑,Cu_2室橙斑中部有1枚白斑,前后翅外缘线白色。一年发生一代,以卵越冬。

寄主:杜鹃花科(Ericaceae)的云锦杜鹃(*Rhododendron fortunei*)等植物。

分布:黄山。

5.3.11 金灰蝶属 *Chrysozephyrus* Shirôzu et Yamamoto, 1956

18. 闪光金灰蝶 *Chrysozephyrus scintillans* (Leech, 1894)

雄蝶翅正面黑褐色，除顶角、外缘区及后翅前缘区外，具翠绿色金属光泽，后翅 Cu_2 室及 Cu_1 室具蓝绿色外缘线，Cu_2 脉端具尾突。反面灰褐色，前后翅中室端斑为2条平行的白线，前翅 Cu_2 脉上方及后翅具白色外中线，前翅亚外缘从 R_5 室至 Cu_2 室有一逐渐加粗的黑褐色带，两侧具白边，后翅亚外缘则有2列波状白线，其中外列较模糊，Cu_1 室外端及臀角具橙红色斑，前者中部有1枚黑色圆斑，前后翅外缘线白色。雌蝶翅正面黑褐色，前翅中室端附近及 M_3 室各有1枚橙色斑，Cu_1 室有时有1枚模糊的橙斑，后翅 Cu_2 室及 Cu_1 室外缘线蓝绿色，反面同雄蝶。一年发生一代，以卵越冬。

寄主：杜鹃花科(Ericaceae)毛果珍珠花(*Lyonia ovalifolia*)。

分布：六安、安庆、池州、黄山、宣城。

19. 裂斑金灰蝶 *Chrysozephyrus disparatus* (Howarth, 1957)

雄蝶翅正面具翠绿色金属光泽,前翅外缘黑边较窄,后翅 Cu_2 室及 Cu_1 室具蓝绿色外缘线,Cu_2 脉端具尾突。反面灰褐色,前后翅中室端斑不明显,前翅 Cu_2 脉上方及后翅具白色外中线,前翅亚外缘从 M_2 室至 Cu_2 室有1列逐渐加粗的黑褐色斑带,两侧具白边,后翅亚外缘则有2列波状白线,其中外列较模糊,扩散成白色鳞区,Cu_1 室外端及臀角具橙红色斑,前者椭圆形,中部有1枚黑色圆斑,前后翅外缘线白色。雌蝶翅正面黑褐色,前翅中室端附近及 M_3 室各有1枚橙色斑,Cu_1 室有时有1枚模糊的橙斑,后翅 Cu_2 室及 Cu_1 室外缘线蓝绿色,反面同雄蝶。一年发生一代,以卵越冬。

寄主: 壳斗科(Fagaceae)的青冈(*Cyclobalanopsis glauca*)等植物。

分布: 黄山、宣城。

20. 天目山金灰蝶 *Chrysozephyrus tienmushanus* Shirôzu et Yamamoto, 1956

与闪光金灰蝶较近似，但反面白色外中线内侧深色阴影稍宽，后翅 $Sc+R_1$ 室基部具1枚短白线，雄蝶翅正面黑褐色边稍窄，翠绿色金属斑略偏黄色。一年发生一代，以卵越冬。

寄主：杜鹃花科（Ericaceae）的毛果珍珠花（*Lyonia ovalifolia*）。

分布：黄山、宣城。

21. 耀金灰蝶* *Chrysozephyrus brillantinus* (Staudinger, 1887)

与闪光金灰蝶较近似，但反面前翅亚外缘黑带较弱，无明显白边，后翅亚外缘内列白线较弱，不呈明显的波状，臀角橙色斑发达，与Cu_1室橙斑相连。雄蝶前翅顶角略尖，前翅正面外缘黑褐色边窄，绿色斑几乎到达顶角；雌蝶正面中室及Cu_2室有时具蓝色斑。一年发生一代，以卵越冬。

寄主：栎属（*Quercus* sp.）植物。

分布：六安（据 Koiwaya，2007）。

---

* 图片标本采自甘肃康县。

22. 雷公山金灰蝶 *Chrysozephyrus leigongshanensis* Chou et Li, 1994

雄蝶翅正面黑褐色，除外缘区及后翅前缘区外，具翠绿色金属光泽，后翅 Cu_2脉端具尾突。反面白色，前后翅中室端斑灰褐色，前翅 Cu_2脉上方及后翅具灰褐色外中带，前后翅亚外缘各有一灰褐色带，后翅 $Sc+R_1$室基部有一灰褐色短线，Cu_1室外部及臀角各有1枚橙色斑，前者中部有1枚黑色圆斑。一年发生一代，以卵越冬。

寄主：栎属(*Quercus* sp.)植物。

分布：六安、安庆。

5.3.12 艳灰蝶属 *Favonius* Sibatani et Ito, 1942

23. 里奇艳灰蝶 *Favonius leechi* (Riley,1939)

雄蝶翅正面黑褐色，除后翅前缘区外具蓝绿色金属光泽，后翅外缘Cu_1室及Cu_2室具窄黑斑，Cu_2脉端具尾突。反面灰白色，前后翅具灰色中室端斑，两侧具白边，前翅Cu_2脉上方及后翅具白色外中带，其内侧有灰色边，前翅亚外缘R_5室至Cu_2室具逐渐加粗的黑灰色窄带，两侧具白边，后翅亚外缘有2列波状白纹，Cu_1室外部及臀角各有1枚橙色斑，前者中部具1枚黑色圆斑，前后翅外缘线白色。雌蝶翅正面黑褐色，前翅M_1室及M_2室基部、M_3室及Cu_1室具模糊的灰白色斑，后翅具白色外缘线。反面同雄蝶。与艳灰蝶*Favonius orientalis*极为近似，外观上难以有效区分，但通常后翅反面中室端斑更明显，白色外中带接近前缘处变宽，其内侧的深色带清晰且较宽，外中带与亚外缘斑之间的底色区域窄。一年发生一代，以卵越冬。

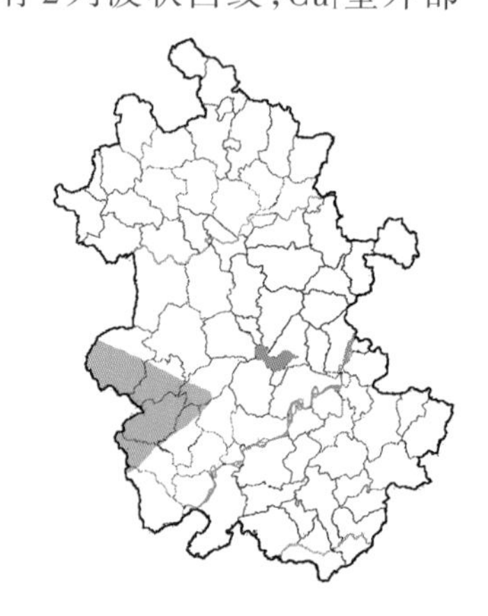

分布：六安、安庆。

5.3.13 娆灰蝶属 *Arhopala* Boisduval,1832

24. 齿翅娆灰蝶 *Arhopala rama* (Kollar, [1844])

雄蝶翅正面黑褐色,具大面积深蓝色斑,后翅尾突粗短。翅反面灰褐色,前翅后缘灰白色,各斑纹为底色或略深于底色,具模糊的浅色边勾勒,前翅中室具3枚小斑,外中带从R_4室抵达Cu_2室,亚外缘斑不清晰;后翅基部具3枚小斑,亚基部至外中域具3列不规则斑纹,亚外缘斑不清晰。雌蝶与雄蝶相似,但翅正面蓝色斑稍小,局限于翅中域及基部。

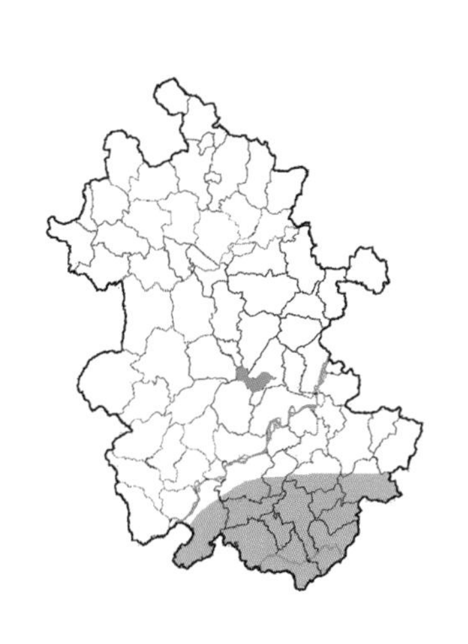

寄主:壳斗科(Fagaceae)植物。

分布:池州、黄山、宣城。

5.3.14 玛灰蝶属 *Mahathala* Moore, 1878

25. 玛灰蝶 *Mahathala ameria* (Hewitson, 1862)

翅正面黑褐色，前后翅中域及基部具深蓝色斑，后翅在 $Sc+R_1$ 脉末端具一角状突起，Cu_2 脉末端具一较粗的尾突。反面浅黄褐色或棕褐色，前翅中室有5条浅色短线，外中带灰色或深棕色，较宽阔，具浅色边；后翅斑纹灰色或深棕色，斑驳状。以成虫越冬。

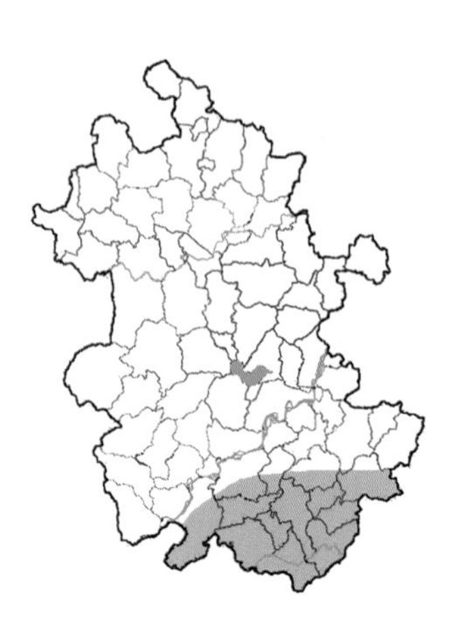

寄主：大戟科(Euphorbiaceae)的石岩枫(*Mallotus repandus*)。

分布：池州、黄山、宣城。

5.3.15 花灰蝶属 *Flos* Doherty, 1889

26. 爱睐花灰蝶 *Flos areste* (Hewitson, 1862)

雄蝶正面黑褐色，除顶角及后翅前缘外，均覆盖深蓝紫色鳞片。反面棕褐色，前翅中室有2条黄色横斑，外中区有1列近矩形黄斑，Cu_2室中部有1枚很大的矩形黄斑，外侧有1枚模糊的黄斑，翅外缘浅灰色；后翅中域有1条边界模糊的灰白色带，外侧有模糊的黄褐色斑纹，前角附近深棕褐色，外缘区覆盖灰白色鳞片。雌蝶与雄蝶近似，但翅正面近中域及基部具深蓝紫色鳞片，反面中带淡紫色。

分布：池州、黄山。

5.3.16 丫灰蝶属 *Amblopala* Leech, 1893

27. 丫灰蝶 *Amblopala avidiena* (Hewitson, 1877)

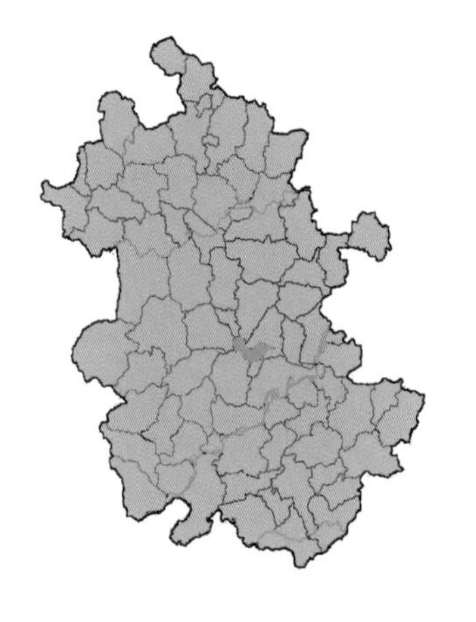

翅正面黑褐色,前翅基半部具深蓝色斑,M_2室至Cu_1室有1枚橙色斑;后翅中室及附近有1枚深蓝色斑,后翅在$Sc+R_1$脉末端突出,臀角向外突起呈叶柄状。反面红棕色,前翅从顶角附近前缘至臀角有1条银白色线,其内侧区域颜色稍浅;后翅从前缘至臀角有一"丫"字形条纹,具银白色边,臀角至外中区及臀区有不清晰的白色条纹。春季发生一代,以蛹越冬。

寄主:豆科(Leguminosae)的山合欢(*Albizia kalkora*)。

分布:全省广布。

5.3.17 银线灰蝶属 *Spindasis* Wallengren, 1857

28. 豆粒银线灰蝶 *Spindasis syama* (Horsfield, [1829])

翅正面黑褐色,臀角有1枚橙色斑,具2条尾突。反面淡黄色,外缘区以内各黑斑中央具银白色线纹,前翅基部具1枚黑斑,Cu_2室基部有1枚黑褐色斑,基半部从前翅前缘至Cu_2室有2条黑纹,中区上半部有4枚黑斑,常相连,亚外缘从翅前缘至2A脉有1条黑带,外缘区具1条窄黑带;后翅基部有1枚黑斑,亚基部有3枚彼此分离的黑斑,中带黑色,从前缘近基部抵达臀角橙色斑,外中域及亚外缘各有1条黑带,外缘区有1条黑色窄带,从基部至臀区也有1条黑带,臀角橙斑外侧有一大一小2枚黑斑。

寄主:榆科(Ulmaceae)植物。

分布:池州、黄山、宣城。

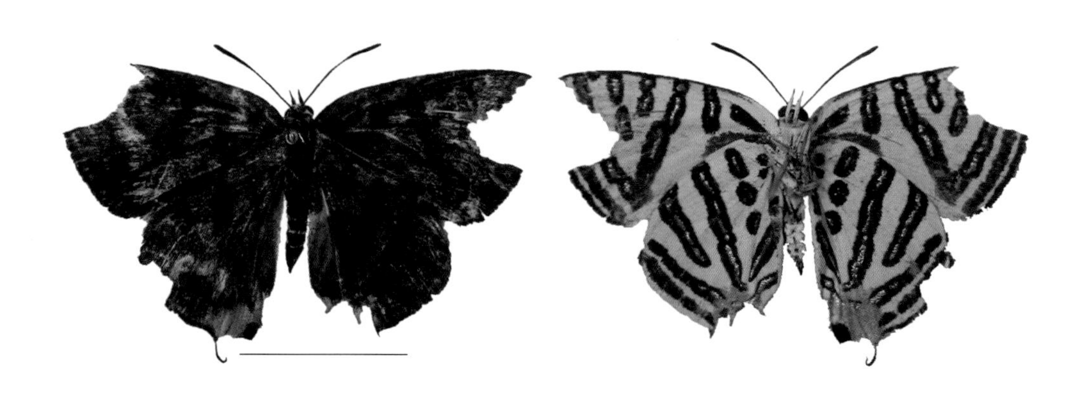

5.3.18 珀灰蝶属 *Pratapa* Moore, [1881]

29. 珀灰蝶 *Pratapa deva* (Moore, [1858])

翅正面黑褐色,前翅基半部蓝色,后翅除前缘区及外缘区外为蓝色,$Sc+R_1$室基部具黑色性标,臀角有1枚眼状斑,具2条尾突。反面灰白色,前后翅具1列黑色外中线,亚外缘线及外缘线灰色,较模糊,后翅Cu_1室外部及臀角各有1枚橙色斑及1枚黑色圆斑。雌蝶与雄蝶相似,但正面后翅蓝斑被翅脉分割明显,前翅蓝斑外部具蓝白色鳞片。

寄主:桑寄生科(Loranthaceae)植物。

分布:池州。

5.3.19 安灰蝶属 *Ancema* Eliot, 1973

30. 安灰蝶 *Ancema ctesia* (Hewitson, 1865)

翅正面黑褐色,前翅基半部青蓝色,后翅除前缘区及顶角至外缘中段的黑色宽边外,其余部分为青蓝色,翅脉黑色,前翅2A脉上有1枚椭圆形深灰色性标,Cu_2脉至M_3脉基部也有1块深灰色性标,后翅具2条尾突。反面灰白色,前后翅各有1枚中室端斑及1列深灰色外中斑点,外缘及亚外缘带不明显,后翅近基部有1枚深灰色斑点,臀角附近有2枚黑色圆斑,外围橙色。雌蝶与雄蝶相似,但正面金属色斑为浅蓝白色。

寄主:桑寄生科(Loranthaceae)植物。

分布:黄山。

5.3.20 玳灰蝶属 *Deudorix* Hewitson, [1863]

31. 淡黑玳灰蝶 *Deudorix rapaloides* (Naritomi, 1941)

翅正面黑褐色，前翅基半部及后翅具深蓝色光泽，后翅 Cu_2 脉端具尾突，臀角呈耳垂状突起。反面灰白色，前后翅具中室端斑为底色，两侧具白边，外中带灰色，具白边，亚外缘及外缘各有1列模糊的灰色斑，后翅 $Sc+R_1$ 室基部至Rs室基部具性标，内半部灰褐色，外半部为浅灰色，Cu_1 室外部有1枚橙色斑，其中部有1枚黑色圆斑，Cu_2 室亚外缘具蓝色鳞片，臀角耳垂状突起黑色。雌蝶正面黑褐色，后翅具白色外缘线，反面与雄蝶相似。发生期较长，5~8月均可见。

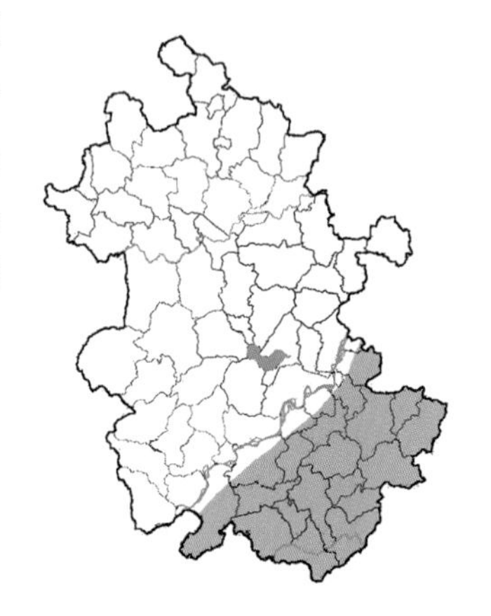

寄主：山茶科（Theaceae）植物。

分布：池州、黄山、宣城。

32. 茶翅玳灰蝶 *Deudorix sankakuhonis* (Matsumura, 1938)

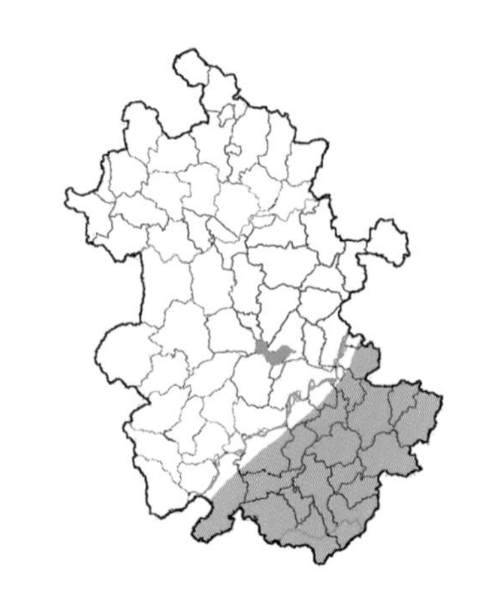

原产于台湾。海南及大陆地区的海南玳灰蝶 *Deudorix hainana* Chou et Gu, 1994应为本种的亚种(Huang et al.,2016)。翅正面黑色,雄蝶后翅Sc+R_1室基部、Rs室基部及中室上缘具1枚黑色性标,后翅Cu_2脉端具尾突,臀角呈耳垂状突起,内半部为橙色,外半部黑色。反面翅灰褐色,前后翅外中带为底色,具白边,其中内侧白边很弱,前后翅白色亚缘斑极弱,后翅Cu_1室具1枚橙色斑,其中部有1枚黑色圆斑,Cu_2室亚外缘具蓝色鳞片,臀角耳垂状突起黑色。6~7月发生。

分布:池州、黄山、宣城。

5.3.21 绿灰蝶属 *Artipe* Boisduval, 1870

33. 绿灰蝶 *Artipe eryx* (Linnaeus, 1771)

雄蝶翅正面黑褐色，前翅基半部、后翅除前缘区外为蓝色，后翅 Cu_2 脉端具性标，臀角处呈耳垂状突起。反面翅灰绿色，前翅后缘灰白色，前后翅外中区有1列白色短线，后翅亚外缘2A室至 M_2 室有1列白色短线，Cu_1 室及 Cu_2 室外缘各有1枚黑点，臀角耳垂状突起黑色。雌蝶正面黑褐色，后翅亚外缘2A室至 Cu_2 室具1列白斑，外缘线白色。反面与雄蝶近似，但后翅亚外缘2A室至 M_2 室为1列白斑。

寄主：茜草科（Rubiaceae）的栀子（*Gardenia jasminoides*）。

分布：池州、黄山。

5.3.22 燕灰蝶属 *Rapala* Moore, [1881]

34. 东亚燕灰蝶 *Rapala micans* (Bremer et Grey, 1853)

翅正面黑褐色，前翅后半部及后翅具深蓝色光泽，后翅 Cu_2 脉端具尾突，臀角处呈耳垂状突起，雄蝶 $Sc+R_1$ 室基部具1枚黑色半圆形性标。反面翅土黄色，前后翅中室端斑较弱，外中带为深黄褐色，外侧具白边，黄褐色亚外缘斑及外缘斑较模糊，后翅 Cu_1 室外部具1枚橙色斑及1枚黑色圆斑，Cu_2 室外部有1枚黑斑，其上具灰白色鳞片，2A室外缘有1条黄褐色线，内侧具白边，臀角耳垂状突起黑色。春型个体正面前翅外中部具1枚较大的橙红色斑，反面颜色略偏红色。以蛹越冬。

分布：全省广布。

35. 暗翅燕灰蝶 *Rapala subpurpurea* Leech, 1890

与东亚燕灰蝶非常近似,但翅正面蓝色光泽较弱,雄蝶后翅性标为浅灰色,与底色对比明显。春型个体通常无橙红色斑。

分布:淮南及长江以南各市。

36. 蓝燕灰蝶 *Rapala caerulea* (Bremer et Grey, [1851])

雄蝶翅正面黑褐色,前翅 M_2室至 Cu_1室及后翅臀角附近具模糊的橙色斑,后翅 Cu_2脉端具尾突,臀角处呈耳垂状突起,$Sc+R_1$室基部具1枚很小的灰色半圆形性标。反面暗黄色,前后翅中室端斑橙褐色,外中带橙褐色,具模糊的浅色边,亚外缘及外缘各有1列模糊的橙褐色带,臀角斑橙色,其中 Cu_1室具1枚黑色圆斑,Cu_2室有1枚黑斑,其上遍布灰白色鳞片,臀角耳垂状突起黑色。雌蝶正面黑褐色,具很弱的淡蓝色光泽。春型个体正面橙色斑发达,反面底色为浅灰色,除臀角附近外,斑纹均为灰色。以蛹越冬。

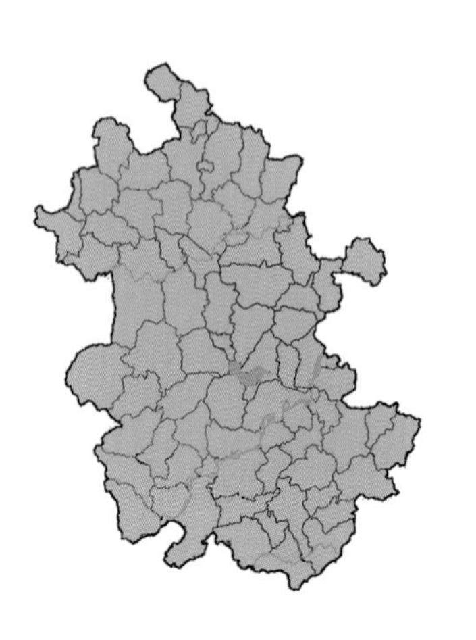

寄主:鼠李科(Rhamnaceae)的鼠李(*Rhamnus davurica*),蔷薇科(Rosaceae)的野蔷薇(*Rosa multiflora*)。

分布:全省广布。

5.3.23 生灰蝶属 *Sinthusa* Moore, 1884

37. 生灰蝶 *Sinthusa chandrana* (Moore, 1882)

雄蝶翅正面黑褐色，后翅中室、M_1室、M_2室及M_3室至Cu_2室外部具闪紫色光泽，$Sc+R_1$室及Rs室基部具性标，Cu_2脉端具尾突。反面灰白色，亚外缘以内各斑灰褐色，两侧具白边，前后翅各有1枚中室端斑，前翅中带在M_3脉上方外移，后翅中带在M_1室至M_2室外移，在Cu_2脉以内发生内移，后翅亚基部具数枚黑点，或退化，前后翅亚缘斑较模糊，后翅Cu_1室外侧具1枚橙色斑，其中部有1枚黑色圆斑。雌蝶正面黑褐色，反面与雄蝶相似。

寄主：蔷薇科(Rosaceae)的悬钩子属(*Rubus* sp.)植物。

分布：六安、合肥、安庆、芜湖、马鞍山及长江以南各市。

38. 浙江生灰蝶 *Sinthusa zhejiangensis* Yoshino, 1995

雄蝶翅正面黑褐色，前翅 Cu_2室、2A室及后翅 M_1室至2A室具天蓝色斑，$Sc+R_1$室及Rs室基部具性标，Cu_2脉端具尾突。反面白色，各斑橙色，饰以细黑边，前后翅各有1枚中室端斑，前翅中带在 M_3脉上方外移，后翅中带在 M_1室至 M_2室外移，在 Cu_2脉以内发生内移，后翅亚基黑点趋于退化，前后翅亚缘斑较模糊，后翅 Cu_1室及 Cu_2室外侧各有1枚橙色细斑，两侧饰以金属色鳞片。雌蝶正面黑褐色，斑纹为浅蓝白色，前翅浅色斑较大，进入中室及 M_3室，反面与雄蝶相似。早春发生一代，以蛹越冬。

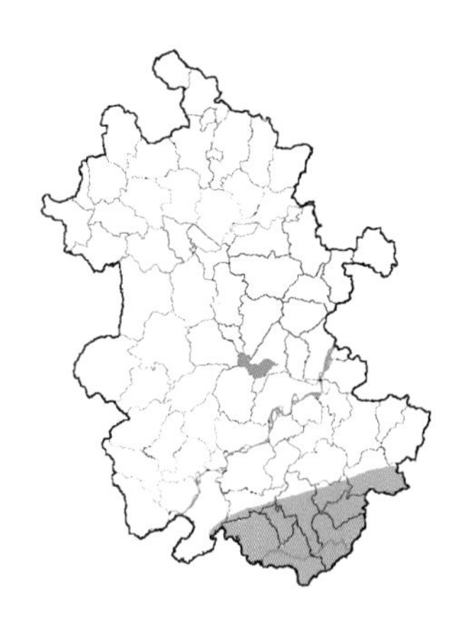

分布：黄山、宣城。

5.3.24 梳灰蝶属 *Ahlbergia* Bryk, 1946

39. 尼采梳灰蝶 *Ahlbergia nicevillei* (Leech, 1893)

雄蝶翅正面黑灰色,翅中域至基部具蓝色鳞片,前翅近前缘中部具1枚深灰色长椭圆形性标,后翅外缘波状不明显,臀角向内突出。反面暗红褐色,斑纹棕褐色,前翅外中域具1列十分模糊的斑,后翅中带在Rs室略向外突出,在M_3室明显向外突出,外中区具1列模糊的斑,2A室中带外侧具灰白色鳞片。雌蝶正面黑灰色,外中域至基部具蓝色闪光,反面与雄蝶相似。早春发生一代,3~5月可见,以蛹越冬。

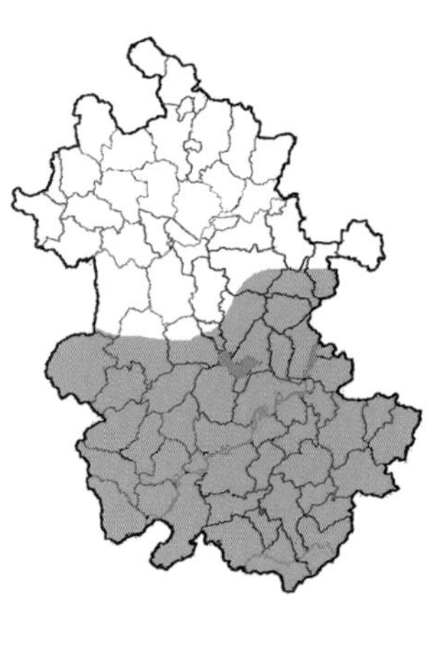

寄主:忍冬科(Caprifoliaceae)的金银花(*Lonicera japonica*)。

分布:六安、合肥、滁州、安庆、芜湖、马鞍山及长江以南各市。

40. 李老梳灰蝶 *Ahlbergia leechuanlungi* Huang et Chen, 2005

雄蝶翅正面深灰色，具蓝灰色光泽，后翅外缘略呈波状。反面前翅暗褐色，具黑褐色中室端斑及外中带，外中带在M_3脉上方向内偏折，其外侧近前缘处有小白斑；后翅黑褐色，散布灰白色鳞片，中带不明显，但在$Sc+R_1$室、Rs室及2A室具白边。雌蝶正面中域至基部具蓝色鳞片，反面与雄蝶相似。春夏季发生一代，以蛹越冬。

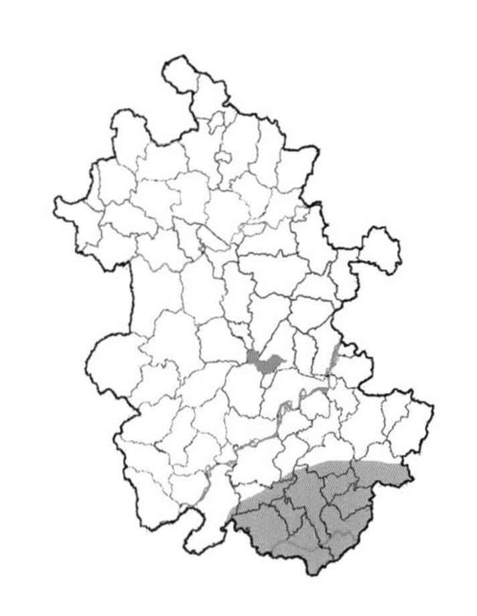

分布：池州、黄山、宣城。

41. 南岭梳灰蝶 *Ahlbergia dongyui* Huang et Zhan, 2006

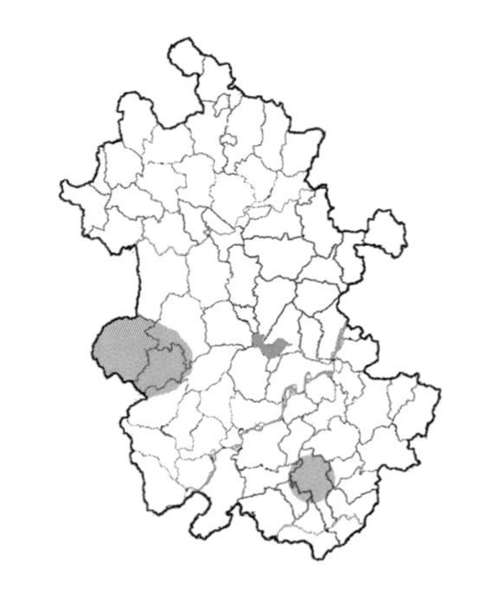

翅正面黑褐色，具蓝灰色光泽，翅外缘波状，雄蝶前翅近前缘中部具1枚深灰色性标。反面浅棕褐色，前翅具深棕褐色中室端斑及外中带，外中带在M_3脉上方向内移，具极弱的灰白色边；后翅中室端及$Sc+R_1$室基部各有1枚深色斑，中带深棕褐色，在M_3脉上方内移，靠近臀角和前缘处饰以白边，亚外缘及外缘有2列模糊的深色斑。春季发生一代，以蛹越冬。

分布：六安、黄山。

5.3.25 洒灰蝶属 *Satyrium* Scudder, 1876

42. 大洒灰蝶 *Satyrium grandis* (Felder et Felder, 1862)

雄蝶翅正面黑褐色，前翅中室端前方有1枚浅灰色性标，后翅 Cu_2 脉端具尾突，Cu_1 脉端具一很短的尾突。反面灰褐色，前后翅具白色外中线，其中后翅外中线在臀角内侧呈"W"形，前翅亚外缘斑黑褐色，具模糊的灰白色边，后翅亚外缘斑中部橙红色，内外侧黑色，具模糊的灰白色边，臀角附近 Cu_1 室及2A室橙红色斑外侧具1枚黑色圆斑，Cu_2 室橙红色斑外侧的黑斑上散布灰白色鳞片，前后翅外缘线白色。雌蝶翅型较圆，翅正面黑褐色，反面与雄蝶相似。夏季发生一代，以卵越冬。

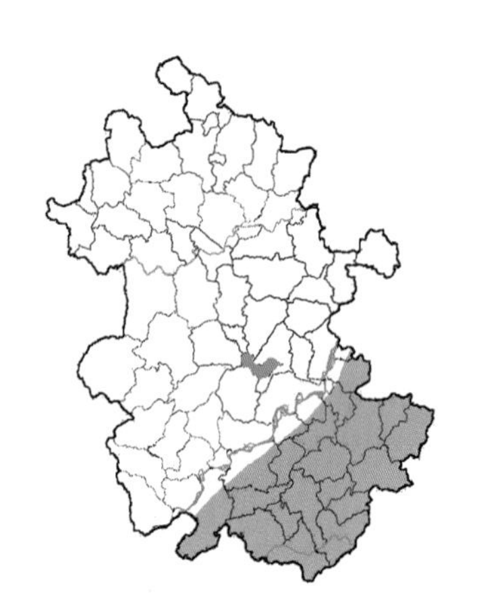

寄主：豆科(Leguminosae)的紫藤(*Wisteria sinensis*)，蔷薇科(Rosaceae)的苹果(*Malus pumila*)。

分布：长江以南各市。

43. 优秀洒灰蝶 *Satyrium eximia* (Fixsen, 1887)

雄蝶翅正面黑褐色，前翅中室端前方有1枚灰色性标，后翅Cu_2脉端具尾突。反面灰褐色，前后翅具白色外中线，其中后翅外中线在臀角内侧呈“W”形，前翅亚外缘斑弱，后翅亚外缘斑橙红色，内侧有黑线勾勒，具模糊的白色边，臀角附近Cu_1室及2A室橙红色斑外侧具1枚黑色圆斑，Cu_2室橙红色斑外侧的黑斑上散布灰白色鳞片，前后翅外缘线白色。雌蝶翅型较圆，正面臀角处具模糊的橙色斑，反面与雄蝶相似。5~6月发生一代，以卵越冬。

寄主：鼠李科(Rhamnaceae)的鼠李(*Rhamnus davurica*)等植物。

分布：六安、合肥、滁州、安庆、芜湖、马鞍山及长江以南各市。

44. 饰洒灰蝶 *Satyrium ornata* (Leech, 1890)

雄蝶翅正面黑褐色，前翅 Cu_2 室至 M_2 室具一大块橙红色斑，后翅 Cu_2 脉端具尾突，Cu_1 脉端具一很短的尾突。反面灰褐色，前后翅具白色外中线，其中后翅外中线在 M_3 脉下方内移，在臀角内侧略呈"W"形，前翅亚外缘斑黑褐色，具模糊的灰白色边，后翅亚外缘斑中部橙红色，内外侧黑色，具模糊的灰白色边，臀角附近 Cu_1 室及 2A 室橙红色斑外侧具 1 枚黑色圆斑，Cu_2 室橙红色斑外侧的黑斑上散布灰白色鳞片，前后翅外缘线白色。雌蝶翅型较圆，正面黑褐色，后翅 Cu_1 室及 Cu_2 室外缘线白色，反面与雄蝶相似。夏季发生一代，以卵越冬。

寄主：蔷薇科(Rosaceae)的绣线菊(*Spiraea salicifolia*)等植物。

分布：六安、安庆、芜湖、池州、黄山、宣城。

45. 杨氏洒灰蝶 *Satyrium yangi* (Riley, 1939)

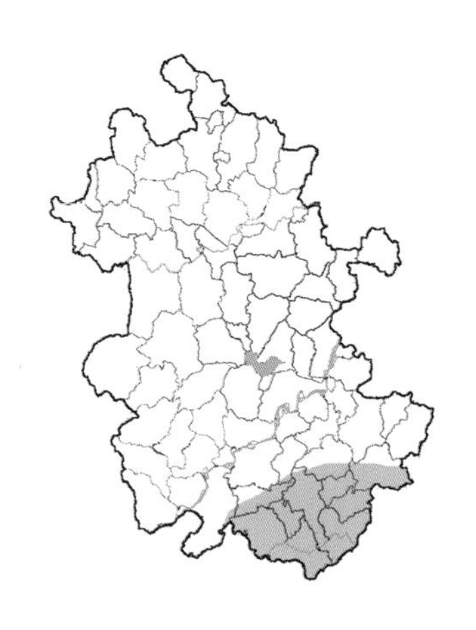

翅正面黑褐色，除前翅端半部外，具淡蓝灰色色泽，后翅有1列模糊的深褐色亚缘斑，Cu_2脉端具尾突。翅反面黄褐色，前后翅具白色外中线，前翅亚外缘有1列黑色圆点，具白边，后翅亚外缘有1列橙色斑，其内侧及外侧各有1列黑色圆点，其中外侧黑点较弱，内侧黑点具白边，前后翅外缘线白色。5月发生一代，以卵越冬。

寄主：山樱花（*Cerasus serrulata*）。

分布：池州、黄山、宣城。

46. 波洒灰蝶 *Satyrium bozanoi* (Sugiyama, 2004)

翅正面黑褐色,雄蝶前翅中室前脉端部具1枚微小的深灰色性标,后翅 Cu_2 脉端具尾突。反面深灰褐色,前后翅具白色外中线,其中后翅外中线在臀角内侧略呈“W”形,前翅亚外缘带较模糊,内半边黑色,外半边为橙红色;后翅橙红色亚外缘斑为波浪状,内外侧各具1列黑斑及模糊的白斑,后翅外缘线白色。本种数量十分稀少,除最初发表的产自湖南的一雌性个体外,最近在浙江西天目山也被发现(Bozano et Zhu,2012)。6月发生一代,以卵越冬。

分布:黄山。

47. 苹果洒灰蝶 *Satyrium pruni* (Linnaeus, 1758)

翅正面黑褐色，前翅中室端前方有1枚灰色性标。反面与杨氏洒灰蝶较近似，但底色略偏褐色。每年发生一代，以卵越冬。

分布：六安、安庆。

5.4 灰蝶亚科 Lycaeninae

5.4.1 灰蝶属 *Lycaena* Fabricius, 1807

48. 红灰蝶 *Lycaena phlaeas* (Linnaeus, 1761)

翅正面黑褐色，前翅亚缘区以内为橙红色，中室端半部具2枚黑褐色斑，外中区具1列黑褐色斑；后翅亚外缘有一波状橙红色带。反面前翅外缘及后翅浅灰色，前翅外缘区以内为浅橙色，前翅亚缘区 M_1 室至 Cu_2 室有1列逐渐增大的黑色斑，外中区有1列黑色斑，具白边，排列同正面，中室内有3枚黑斑，具白边；后翅基半部具数枚小黑点，中室端斑黑色，外中区有1列小黑点，亚外缘有1列波状红线。最常见的灰蝶之一。以幼虫越冬。

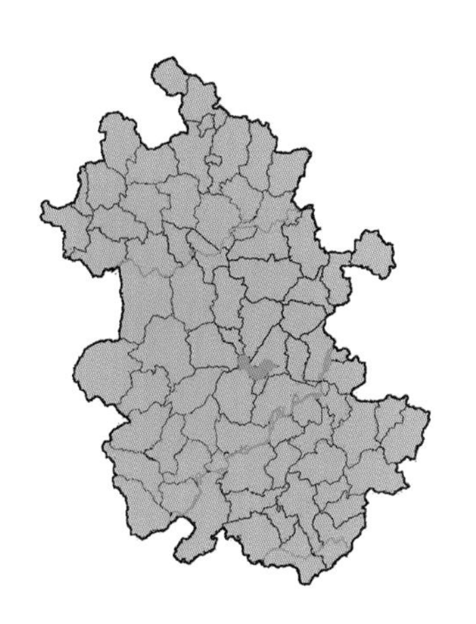

寄主：蓼科（Polygonaceae）的酸模（*Rumex acetosa*）等植物。

分布：全省广布。

5.4.2 彩灰蝶属 *Heliophorus* Geyer, [1832]

49. 莎菲彩灰蝶 *Heliophorus saphir* (Blanchard, 1871)

翅正面黑褐色，前后翅外中域至基部具蓝色闪光，后翅外缘有一波状橙红色斑纹，Cu_2脉端具尾突。反面黄色，前翅亚外缘从M_1室至Cu_2室有1列逐渐增大的黑褐色斑，具白边；后翅亚外缘有1条橙红色带，边缘波状，内侧具白边，外侧为1列黑褐色斑，外缘线白色。雌蝶翅正面黑褐色，前翅外中域具一弧形橙红色斑，后翅外缘有一波状橙红色斑纹。反面与雄蝶相似。

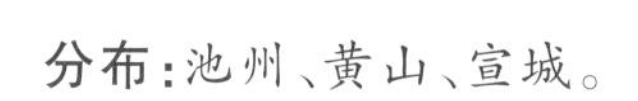

分布：池州、黄山、宣城。

5.5 眼灰蝶亚科 Polyommatinae

5.5.1 黑灰蝶属 *Niphanda* Moore, [1875]

50. 黑灰蝶 *Niphanda fusca* (Bremer et Grey, 1853)

雄蝶翅正面黑褐色,具暗蓝紫色闪光。反面浅灰色,前翅Cu_2室基部及中室中下部有1枚灰黑色斑,中室端部有1枚近方形深灰色斑,中斑列深灰色,其中Cu_1室1枚内移;后翅亚基部及中域各有1列深灰色圆斑,具灰白色边,中室端斑深灰色,具灰白色边,前后翅亚缘斑列及外缘斑列为底色或略深,两侧具模糊的灰白色斑。雌蝶深色型个体翅型较圆,翅正面黑褐色,前翅中室端有1枚黑色斑,中区有1列黑斑,后翅斑不清晰;浅色型个体正面前翅中域为白色,近基部为浅蓝色,后翅近基部浅蓝色,外侧灰白色,斑纹与深色型相似。反面基本同雄蝶。

寄主:壳斗科(Fagaceae)的栗(*Castanea mollissima*)。

分布:全省广布,但数量较少。

5.5.2 锯灰蝶属 *Orthomiella* de Nicéville, 1890

51. 中华锯灰蝶 *Orthomiella sinensis* (Elwes, 1887)

翅正面黑褐色，前翅中域至基部及后翅上半部具深蓝紫色光泽。反面棕褐色，斑纹为深棕褐色，前翅中室中部及端部各有1枚短斑，Cu_1室及M_3室各有1枚近圆形斑，亚外缘带模糊；后翅亚基部及中部有模糊的深棕褐色斑带。春季发生一代，以蛹越冬。

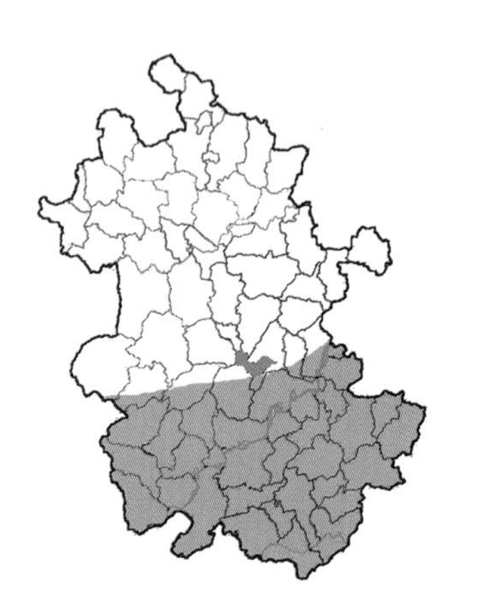

分布：六安、安庆、芜湖、马鞍山及长江以南各市。

52. 锯灰蝶 *Orthomiella pontis* (Elwes, 1887)

翅正面黑褐色，具蓝色光泽。反面浅灰色，斑纹为灰色至深灰色，前翅中室中部及端部各有1枚短斑，R_5室至Cu_2室有1列逐渐增大的斑，呈弧形排列；后翅除中室端斑外，亚基部有数枚小斑，中部具1列斑带，亚缘斑模糊。春季发生一代，以蛹越冬。

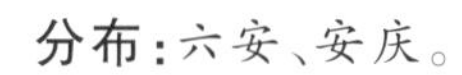

分布：六安、安庆。

5.5.3 雅灰蝶属 *Jamides* Hübner, [1819]

53. 雅灰蝶 *Jamides bochus* (Stoll, [1782])

雄蝶正面翅黑褐色，前翅中域至基部及后翅具海蓝色光泽，后翅具尾突。反面棕灰色，各斑纹为底色，两侧具白边，前后翅具中室端斑、中横带及亚缘斑列，其中亚缘斑列边缘为波状白纹，后翅具数枚亚基斑，臀角附近具1枚橙红色斑，Cu_1室橙红色斑中部有1枚黑色圆斑，外缘线白色。雌蝶翅正面黑褐色，前后翅中域至基部具蓝色光泽，后翅有1列亚缘斑。反面与雄蝶相似。

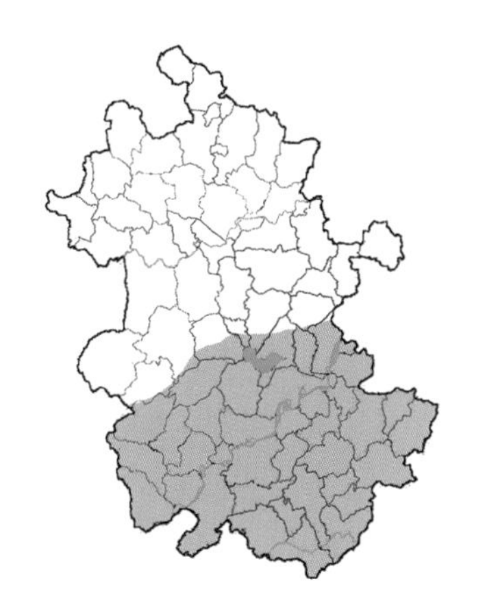

寄主：豆科(Leguminosae)的野葛(*Pueraria lobata*)。

分布：六安、合肥、安庆、芜湖、马鞍山及长江以南各市。

5.5.4 亮灰蝶属 *Lampides* Hübner, [1819]

54. 亮灰蝶 *Lampides boeticus* (Linnaeus, 1767)

雄蝶翅正面深褐色，除外缘及后翅前缘外具蓝紫色光泽，后翅臀角附近有2枚黑斑，Cu_2脉端具尾突。反面浅灰褐色，亚外缘以内区域各斑中部白色，两边为底色或略深于底色，两侧具白边，前后翅中室中部及端部各有1枚斑，后翅Cu_2室基半部有1枚斑，$Sc+R_1$室基半部有2枚相连的斑，前后翅外中区各有1列斑，其外侧有1条白带，后翅白带较粗，前翅则较细，前后翅亚缘斑及外缘线均为白色，后翅Cu_1室至Cu_2室亚外缘有1枚橙色斑，其外侧各有1枚黑色斑，上有浅色闪光鳞片。雌蝶正面深褐色，前翅外中域至基部、后翅中域至基部具蓝色鳞片，后翅亚缘斑环状，灰白色，其内侧有1条模糊的灰白色带。反面同雄蝶。以幼虫越冬。

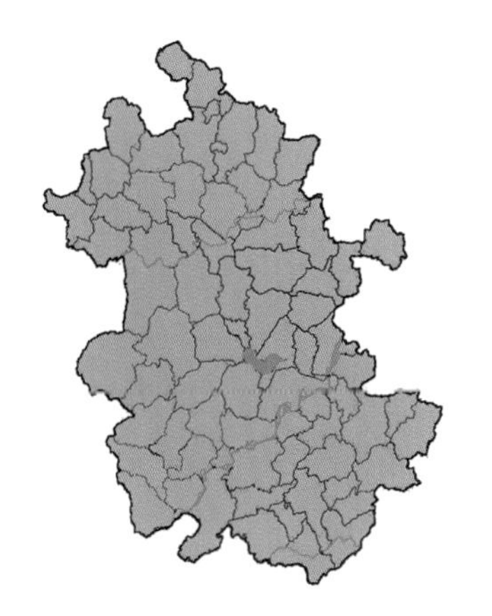

寄主：豆科（Leguminosae）的扁豆（*Lablab purpureus*）、猪屎豆属（*Crotalaria* sp.）、田菁（*Sesbania cannabina*）。

分布：全省广布。

5.5.5 棕灰蝶属 *Euchrysops* Butler, 1900

55. 棕灰蝶 *Euchrysops cnejus* (Fabricius, 1798)

雄蝶翅正面黑褐色，具蓝紫色光泽，后翅臀角附近有2枚黑斑，具尾突。反面灰色，后翅中室基部及$Sc+R_1$室基部和中部各有1枚黑色圆点，臀角处有2枚橙色斑及2枚黑色圆斑，其余斑纹为深灰色，前后翅各有1枚中室端斑、1列外中斑、亚缘斑及外缘斑。雌蝶正面黑褐色，除前翅前缘、外缘及后翅前缘外，有淡蓝色鳞片，后翅具1列亚缘斑。反面与雄蝶相似。

分布：六安、安庆、池州、黄山、宣城。

5.5.6 酢浆灰蝶属 *Pseudozizeeria* Beuret, 1955

56. 酢浆灰蝶 *Pseudozizeeria maha* (Kollar, [1844])

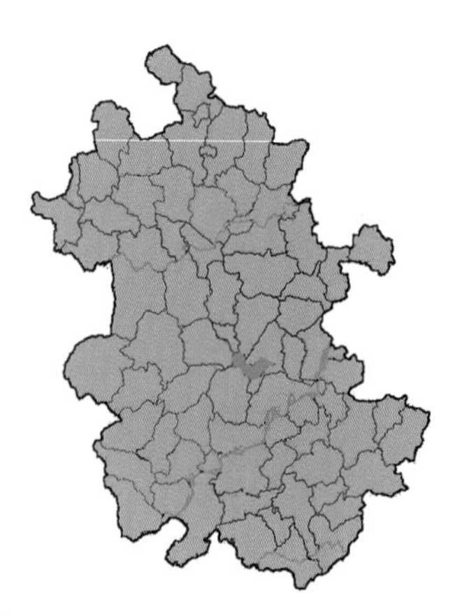

雄蝶翅正面黑褐色，前后翅亚缘区以内具蓝紫色光泽。反面灰白色，前后翅中室端斑灰褐色，外中区各有1列黑褐色圆点，亚缘斑及外缘斑深褐色，外缘线黑褐色，前后翅各有数枚黑褐色亚基部圆点。雌蝶翅正面黑褐色，反面与雄蝶相似。秋型雄蝶翅正面具浅蓝色光泽，雌蝶翅正面散布蓝色鳞片，反面浅灰色，后翅斑纹色稍浅，亚缘区以内各斑具灰白色边。以蛹越冬。

寄主：酢浆草科（Oxalidaceae）的黄花酢浆草（*Oxalis pes-caprae*）。

分布：全省广布。

5.5.7 毛眼灰蝶属 *Zizina* Chapman, 1910

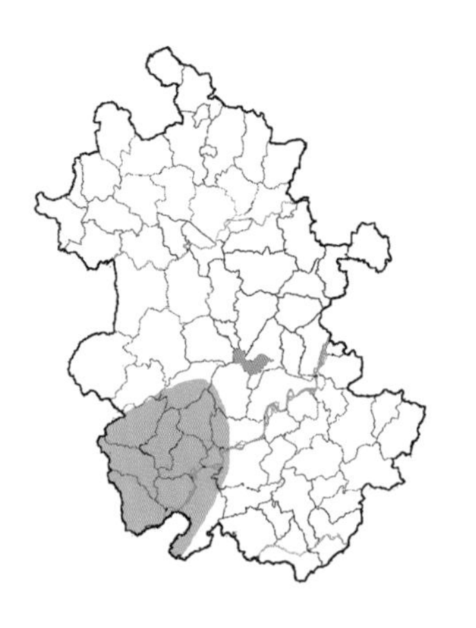

57. 毛眼灰蝶 *Zizina otis* (Fabricius, 1787)

个体较小,翅正面黑褐色,前后翅中域至基部具蓝紫色光泽,反面灰白色,与酢浆灰蝶相似,但后翅外中斑列在Rs室明显内移,而不呈弧形排列。

分布:六安、安庆。

5.5.8 蓝灰蝶属 *Everes* Hübner,[1819]

58. 蓝灰蝶 *Everes argiades* (Pallas, 1771)

翅正面黑褐色,除外缘区及后翅前缘区外具蓝紫色光泽,后翅具尾突。反面灰白色,前后翅各有1枚灰色中室端斑,外中区有1列黑点,亚外缘斑及外缘斑灰色至黑色,前后翅靠近臀角处亚缘斑及外缘斑之间有橙红色斑,后翅亚基部有数枚黑点。雌蝶正面黑褐色,后翅 Cu_1 室及 M_3 室亚外缘有2枚橙红色斑。反面与雄蝶相似。以蛹越冬。

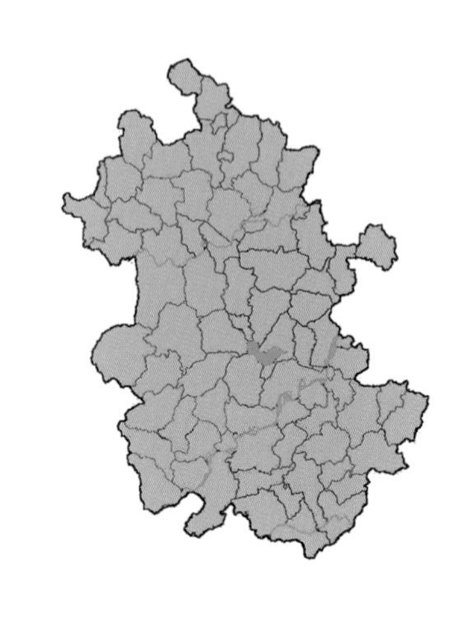

寄主:豆科(Leguminosae)的紫苜蓿(*Medicago sativa*)、紫云英(*Astragalus sinicus*)、白车轴草(*Trifolium repens*)。

分布:全省广布。

59. 长尾蓝灰蝶 *Everes lacturnus* (Godart, [1824])

与蓝灰蝶较近似，但个体较小，反面橙红色斑向前方扩散较少，后翅外中斑列除 $Sc+R_1$ 室斑为黑色外，其余为灰色，Rs室斑内移不明显。

分布：安庆、池州、黄山。

5.5.9 山灰蝶属 *Shijimia* Matsumura, 1919

60. 山灰蝶 *Shijimia moorei* (Leech, 1889)

翅正面黑色。反面前后翅各有1枚黑褐色中室端斑，前翅外中斑列黑褐色，其中Cu_2室、Cu_1室及M_2室几枚斑稍长，较倾斜，后翅中室基部及$Sc+R_1$室基部各有1枚黑色圆点，外中斑列除$Sc+R_1$室1枚为较大的近圆形黑斑外，其余斑为黑褐色，Rs室1枚内移，M_2室及Cu_2室斑较长，Cu_1室亚外缘有1枚橙色斑及1枚黑斑，前后翅各有1列黑褐色的亚外缘斑及外缘斑，外缘黑色。

分布：池州、黄山。

5.5.10 玄灰蝶属 *Tongeia* Tutt, [1908]

61. 玄灰蝶 *Tongeia fischeri* (Eversmann, 1843)

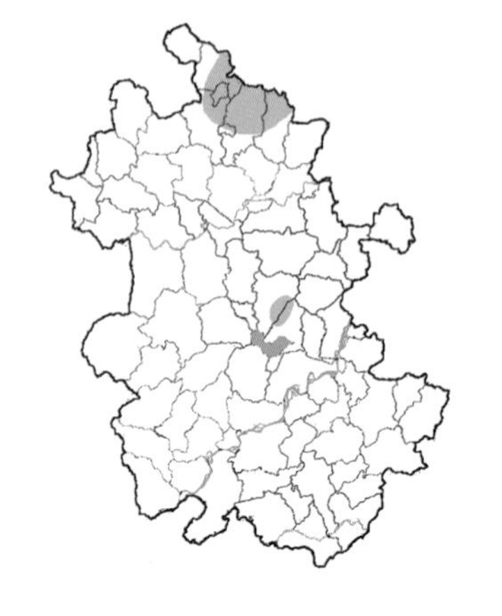

翅正面黑褐色，后翅外缘有蓝灰色鳞片，呈波状排列，具尾突。反面浅灰色，斑纹灰色，前后翅各有1枚中室端斑及1列外中斑，其中前翅 Cu_1 室、后翅 Cu_1 室及 Rs 室几枚外中斑内移，前翅亚外缘斑近方形，后翅亚外缘斑稍窄，具数枚亚基部斑点，Cu_1 室及 M_3 室亚外缘各有1枚橙色斑，其外侧黑斑上具蓝绿色闪光鳞片，前后翅各有1列外缘斑，外缘黑色。

寄主：景天科（Crassulaceae）的瓦松（*Orostachys fimbriatus*）。

分布：淮北、宿州、合肥。

62. 点玄灰蝶 *Tongeia filicaudis* (Pryer, 1877)

与玄灰蝶十分相似，但前翅反面Cu_2室基半部及中室中部各有1枚黑斑。

寄主：景天科(Crassulaceae)的垂盆草(*Sedum sarmentosum*)。

分布：全省广布。

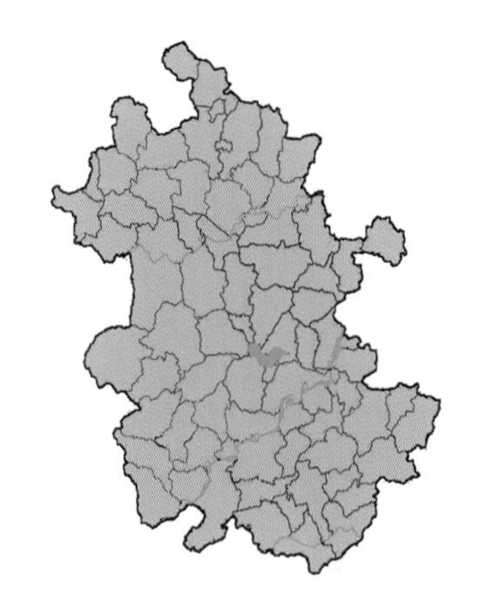

63. 波太玄灰蝶 *Tongeia potanini* (Alphéraky, 1889)

翅正面黑褐色，后翅具尾突。反面浅灰色，斑纹黑褐色，具模糊的白边，前后翅中室端有1枚条状短斑，前翅外中斑连成条带状，但在Cu_1脉下方内移，亚外缘及外缘区各有1列窄斑，后翅亚基部具数枚斑点，外中斑在Cu_1室及Rs室内移，亚外缘斑及外缘斑黑褐色，Cu_1室至M_3室亚外缘斑外侧有橙色斑，外缘斑上有蓝绿色闪光鳞片，前后翅外缘黑褐色。

分布：六安、安庆、池州、黄山、宣城。

5.5.11 丸灰蝶属 *Pithecops* Horsfield, [1828]

64. 蓝丸灰蝶 *Pithecops fulgens* Doherty, 1889

翅正面黑褐色，雄蝶前后翅外中域至基部具蓝色闪光。反面灰白色，亚缘线黄褐色，外缘有1列短线状黑斑，后翅前缘靠近前角处有1枚大黑斑。

分布：池州、黄山、宣城。

5.5.12 娆灰蝶属 *Udara* Toxopeus, 1928

65. 珍贵娆灰蝶 *Udara dilectus* (Moore, 1879)

雄蝶翅正面黑褐色，除前翅外缘上半部及后翅前缘外具淡蓝色光泽，前翅中区下半部及后翅中域上半部具模糊的白斑。反面灰白色，前后翅中室端斑灰色，呈线状，外中斑黑色，前翅外中斑多为倾斜的短线状，后翅外中斑则为不规则的点状，Cu_2室2枚愈合成一小段弧线，亚外缘斑为1列灰色短弧线，外缘斑为1列黑点，后翅亚基部另有数枚黑点。雌蝶正面黑褐色，淡蓝色斑局限于前翅中域至基部及后翅除前缘区外的区域，前翅中域有模糊的白斑。反面与雄蝶相似。

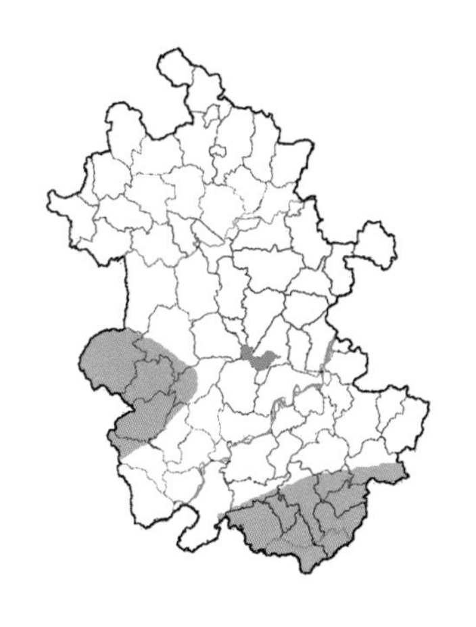

分布：池州、黄山、宣城。

66. 白斑妩灰蝶 *Udara albocaerulea* (Moore, 1879)

与珍贵妩灰蝶近似，但雄蝶正面前翅顶角附近黑褐色边缘较宽，两性后翅白斑面积较大，反面亚外缘斑列退化。

分布：池州、黄山、宣城。

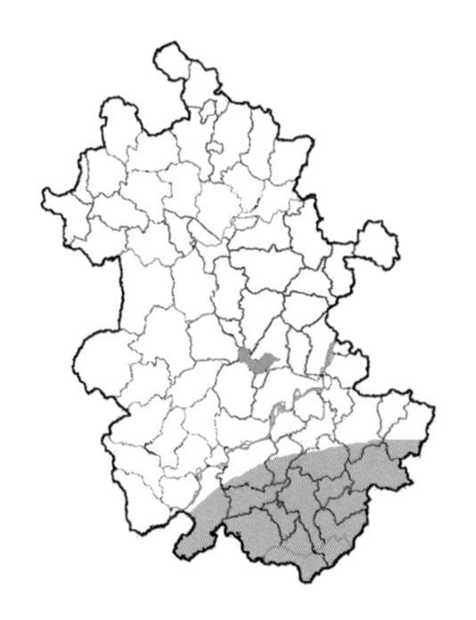

5.5.13 琉璃灰蝶属 *Celastrina* Tutt, 1906

67. 琉璃灰蝶 *Celastrina argiolus* (Linnaeus, 1758)

雄蝶正面黑褐色，除外缘及前翅顶角外，具淡蓝色光泽。反面灰白色，后翅亚基部有数枚小黑点，前后翅中室端斑灰色，外中斑列点状，黑色至灰色，亚外缘斑纹短弧线状，灰色，较模糊，外缘斑点状，黑色至灰色。雌蝶正面黑褐色，前翅中域至基部、后翅 M_1 脉后方亚外缘区内侧具淡蓝色或蓝白色光泽，前翅中室端斑黑褐色，后翅有 1 列淡蓝色或蓝白色亚缘斑。反面与雄蝶相似。以蛹越冬。

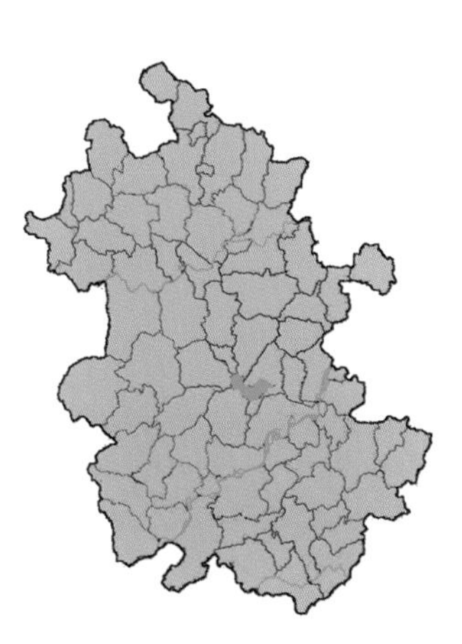

寄主：豆科(Leguminosae)的胡枝子(*Lespedeza bicolor*)，蔷薇科(Rosaceae)的悬钩子(*Rubus* sp.)等植物。

分布：全省广布。

68. 大紫琉璃灰蝶 *Celastrina oreas* (Leech, [1893])

与琉璃灰蝶相似，但个体稍大，正面除外缘外具蓝紫色光泽。反面外中斑稍大，呈黑色且色泽均匀，后翅基部具蓝绿色鳞片。春季发生一代，以蛹越冬。

分布：安庆、池州、黄山、宣城。

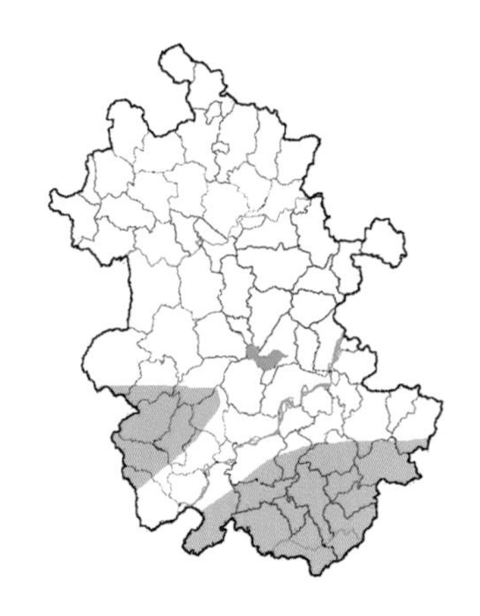

69. 杉谷琉璃灰蝶 *Celastrina sugitanii* (Matsumura, 1919)

近似琉璃灰蝶，但前翅顶角稍尖，后翅外缘在M_1脉端略突出，前后翅反面亚外缘斑及外缘斑较退化，后翅黑点多不呈圆形，前翅外中斑列距离翅外缘较远，除Cu_2室及R_5室外，几乎位于各室中部，且斑点较倾斜。雄蝶正面偏蓝紫色，前翅外缘黑边极窄；雌蝶正面白色，前翅外缘有黑边，靠近翅基部有蓝色鳞片。早春发生一代，以蛹越冬。

分布：池州、黄山、宣城。

5.5.14　白灰蝶属 *Phengaris* Doherty,1891

70. 白灰蝶* *Phengaris atroguttata* (Oberthür, 1876)

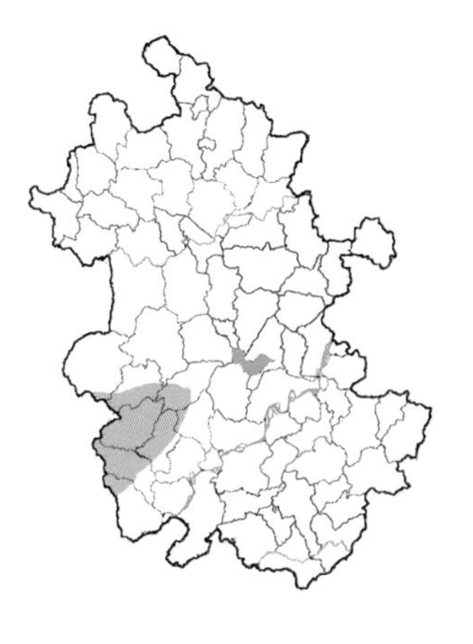

翅正面白色,前翅外缘具黑褐色边,亚顶角 M_2 室至 R_5 室各有1枚黑褐色斑,中室端具1枚黑褐色斑;后翅外缘区有1列模糊的黑褐色斑。反面白色,斑纹黑色,前翅中室及中室端部各有1枚斑,从 R_4 室至 Cu_1 室有1列外中斑,在 M_1 室、M_2 室向外突出,具1列亚外缘斑及外缘斑;后翅基部至外中区有3列近椭圆形斑,具1列亚外缘斑及外缘斑。

分布:安庆。

*标本图片由王家麒提供,采集于安徽潜山。

5.5.15 婀灰蝶属 *Albulina* Tutt, 1909

71. 婀灰蝶* *Albulina orbitulus* (de Prunner, 1798)

翅正面黑褐色，除前后翅外缘及后翅前缘区外，具蓝色闪光，后翅蓝色闪光区外缘呈波状。反面灰褐色，前翅中室端有1枚深色横斑，具灰白色轮廓，外中区R_5室至Cu_1室有1列灰白色小圆斑，中心具深色点；后翅中室端附近有1枚近三角形白斑，外中区$Sc+R_1$室至Cu_1室有1列椭圆形白斑，前后翅亚外缘至外缘具灰白色边。

分布：黄山（《中国黄山蝶蛾》记载并给出正面图示，但本种系高海拔种，此记录存疑）。

*标本由黄思遥提供，采集于甘肃夏河。

5.5.16 紫灰蝶属 *Chilades* Moore, [1881]

72. 曲纹紫灰蝶 *Chilades pandava* (Horsfield, [1829])

翅正面黑褐色，除外缘区外具蓝紫色闪光，后翅 Cu_1 室外缘有1枚黑色圆斑，Cu_2 脉端具尾突。反面灰褐色，各斑具灰白色边，前后翅各有1枚深灰褐色中室端斑、1列深灰褐色亚外缘斑及1列深灰褐色外缘斑，前翅外中斑列深灰褐色，后翅除 $Sc+R_1$ 室外中斑为黑色外，其余为深灰褐色，后翅亚基部有数枚黑色圆斑，Cu_1 室及 Cu_2 室亚外缘各有1枚橙色斑，其外侧各有1枚黑斑，上有蓝绿色闪光鳞片。雌蝶翅正面黑褐色，基半部具蓝色鳞片，后翅外缘有1列模糊的环形浅色斑，Cu_1 室亚外缘有1枚橙色斑，外侧具1枚黑色圆斑。反面基部同雄蝶。

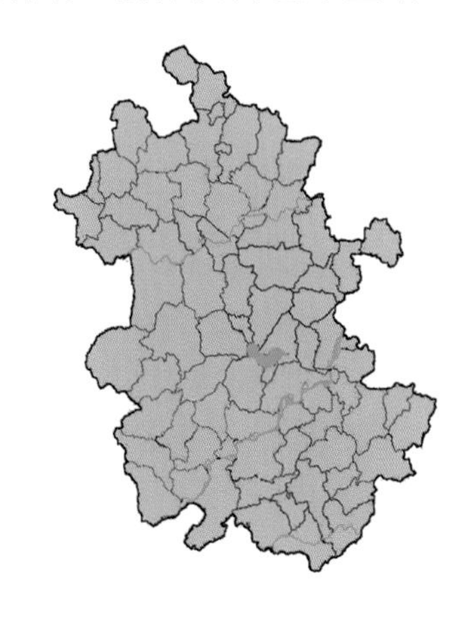

寄主：苏铁科（Cycadaceae）的苏铁（*Cycas revoluta*）。

分布：全省广布。

5.5.17 豆灰蝶属 *Plebejus* Kluk, 1780

73. 红珠豆灰蝶 *Plebejus argyrognomon* (Bergstrasser, [1779])

雄蝶翅正面黑褐色,除外缘及后翅前缘外,具蓝紫色闪光,后翅外缘沿翅脉向内有黑褐色斑。反面浅灰色,亚外缘区以内各斑黑色,具模糊的灰白色边,前后翅各有1枚中室端斑及1列近圆形外中斑,亚外缘斑黑色,外缘斑为一列近圆形黑斑,两列斑之间具橙红色斑,外缘黑褐色,在各脉端处略膨大,后翅基部常具蓝绿色光泽,亚基部有数枚黑色圆点,M_2室至Cu_1室外缘黑斑上具蓝绿色闪光鳞片。雌蝶正面黑褐色,前后翅亚外缘各有1列新月形橙红色斑,但前翅斑较模糊。反面与雄蝶相似。

分布:淮河以北各市。

5.5.18 眼灰蝶属 *Polyommatus* Latreille, 1804

74. 浅色眼灰蝶 *Polyommatus amorata* (Alpheraky, 1897)

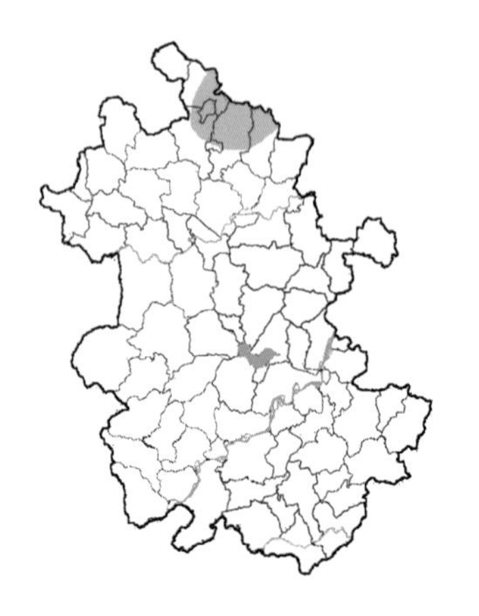

与红珠豆灰蝶斑纹较接近，但前翅外缘较平直，后翅外缘在M_1脉端部转折明显；反面前翅中室内常有1枚黑色圆点，其下方Cu_2室基半部常常也有1枚黑点；后翅M_2室至Cu_1室外缘黑斑上不具有蓝绿色闪光鳞片。雄蝶翅正面具浅蓝灰色而非蓝紫色光泽。

分布：淮北、宿州。

6 弄蝶科 Hesperiidae

竖翅弄蝶亚科 Coeliadinae

花弄蝶亚科 Pyrginae

弄蝶亚科 Hesperiinae

成虫 小型或中型的蝴蝶，体粗壮，颜色深暗，黑色、褐色或棕色，少数为黄色或白色。头大；眼的前方有长睫毛。触角基部互相接近，并常有黑色毛块，端部略粗，末端尖出，并弯成钩状，是本科显著的特征。雌、雄前足均发达，胫节腹面有1对距，后足有2对距。前翅三角形，R脉5条，均直接从中室分出，不相合并；A脉2条，离开基部后合并。后翅近圆形，A脉3条。前后翅中室开式或闭式。飞行迅速而带跳跃，多在早晚活动，在花丛中穿插。

卵 半圆球形或扁圆形，有不规则的雕纹，或有不规则的纵脊与横脊。多散产。

幼虫 头大，色深；身体纺锤形，光滑或有短毛，并常附有白色蜡粉；前胸细瘦成颈状，容易辨别。腹足趾钩2序或3序，排成环式。腹部末端有一梳齿状骨片。常吐丝连数叶片成苞，在里面取食，夜间活动频繁。

蛹 长圆柱形，末端尖削；表面光滑无突起；上唇分为3瓣，喙长，伸过翅芽很多。在幼虫所结的苞中化蛹。

寄主 主要是禾本科植物，也有取食豆科的，有的取食水稻等禾本科作物。

分布 全国均有分布。

6.1 竖翅弄蝶亚科 Coeliadinae

6.1.1 伞弄蝶属 *Bibasis* Moore, [1881]

1. 大伞弄蝶 *Bibasis miraculata* Evans, 1949

大型弄蝶,翅正面黑褐色,前翅基半部具黄褐色鳞毛,后翅除前缘区、外缘区及亚外缘区外,其余部分被黄褐色鳞毛。反面绿色,翅脉黑色,每室各有2条深蓝色纵线,前翅2A室、Cu_2室及Cu_1室基半部后缘为黑褐色至灰色。前翅缘毛灰白色,后翅缘毛为黄褐色。夏季发生一代。

分布:池州、黄山。

2. 绿伞弄蝶 *Bibasis striata* (Hewitson, 1867)

与大伞弄蝶十分接近，但体型较小，翅反面偏黄绿色，雄蝶前翅正面基半部2A脉、Cu_2脉、Cu_1脉及中室后脉上具发达的黑色性标。夏季发生一代，常与大伞弄蝶混合发生，但发生期稍晚。

分布：黄山。

6.1.2 趾弄蝶属 *Hasora* Moore, [1881]

3. 无趾弄蝶 *Hasora anura* de Nicéville, 1889

雄蝶翅正面黑褐色，近基部具褐色毛，前翅亚顶角有3枚淡色小斑。反面前翅端半部及后翅具深蓝紫色光泽，前翅亚顶角有3枚淡色小斑，后翅中室内有1枚银白色小斑，外中区具一模糊的白色宽带，仅Cu_2室较明显。雌蝶与雄蝶近似，但正反面前翅中室端部、Cu_1室中部、M_3室中部靠内侧各有1枚淡色矩形斑。以成虫越冬。

寄主：豆科(Leguminosae)的红豆属(*Ormosia* sp.)植物。

分布：六安、合肥、滁州、安庆、芜湖、马鞍山及长江以南各市。

6.1.3 绿弄蝶属 *Choaspes* Moore, [1881]

4. 绿弄蝶 *Choaspes benjaminii* (Guérin-Méneville, 1843)

雄蝶翅正面黑褐色,除外缘区外其余部分具深蓝色光泽,后翅臀角向外突出,具1枚橙红色斑,前翅缘毛黑褐色,后翅臀角附近缘毛为橙红色。反面底色为绿色,前翅2A室、Cu_2室及Cu_1室基半部为深灰色,前后翅翅脉黑色,后翅臀角具橙红色斑,上有数枚黑斑。雌蝶与雄蝶相似,但正面翅基半部为绿色。

寄主:清风藤科(Sabiaceae)的红柴枝(*Meliosma oldhamii*)、细花泡花树(*Meliosma parviflora*)等植物。

分布:六安、安庆、芜湖、马鞍山及长江以南各市。

5. 半黄绿弄蝶 *Choaspes hemixanthus* Rothschild et Jordan, 1903

与绿弄蝶非常近似，但雄蝶正面前翅基半部及后翅除外缘区和前缘区的部分为黄绿色而非蓝绿色。雌蝶正面黑褐色，前后翅基半部具灰绿色鳞毛。

寄主：清风藤科（Sabiaceae）的清风藤（*Sabia japonica*）、柠檬清风藤（*Sabia limoniacea*）。

分布：池州、黄山、宣城。

6.2 花弄蝶亚科 Pyrginae

6.2.1 珠弄蝶属 *Erynnis* Schrank, 1801

6. 深山珠弄蝶 *Erynnis montanus* (Bremer, 1861)

翅正面深褐色,前翅散布灰白色鳞片,斑纹多不清晰,亚顶区具3枚灰白色小斑;后翅中室端具1枚淡黄色横斑,外中区至亚外缘有2列淡黄色斑,内列斑较大,曲折排列,外列斑稍小。反面与正面近似,但前翅外中区至外缘有3列模糊的浅黄色斑。春季发生一代,以蛹越冬。

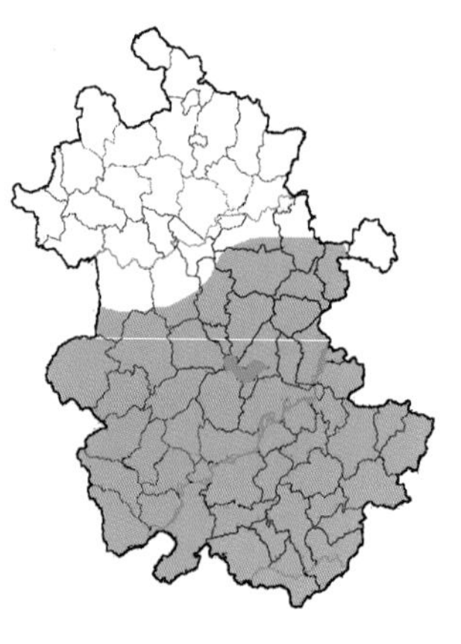

分布:六安、合肥、滁州、安庆、芜湖、马鞍山及长江以南各市。

6.2.2 花弄蝶属 *Pyrgus* Hübner, [1819]

7. 花弄蝶 *Pyrgus maculatus* (Bremer et Grey, 1853)

夏型翅正面黑褐色，前翅中室外部有1枚白色窄斑，中室端有1条白线，亚顶角R_3室到R_5室有相连的3枚小白斑，M_1室及M_2室外侧各有1枚小白斑，M_3室及Cu_1室中部各有1枚略倾斜的白色斑，Cu_1室基部另有1枚三角形小白斑，Cu_1室外侧白斑下方有2枚错开排列的小白斑；后翅中域有3~4枚白斑排成1列。反面前翅与正面近似，后翅浅褐色，中带白色，其外缘参差不齐，基区及臀区白色，臀角黑褐色，$Sc+R_1$室基半部有1枚小白斑。春型与夏型近似，但后翅正反面具1列亚外缘白斑。以蛹越冬。

寄主：蔷薇科(Rosaceae)的绣线菊(*Spiraea salicifolia*)、茅莓(*Rubus parvifolius*)。

分布：全省广布。

6.2.3 带弄蝶属 *Lobocla* Moore, 1884

8. 双带弄蝶 *Lobocla bifasciatus* (Bremer et Grey, 1853)

翅正面深褐色，前翅亚顶角具1列小白斑，其中R_5室白斑常外移，中室端具1枚大白斑，其上方有1枚楔形白斑，M_3室基部有1枚子弹状白斑，Cu_1室具1枚略倾斜的大白斑，3枚白斑至少以翅脉分割，Cu_2室外部上缘有1枚小白斑。反面与正面相似，后翅散布灰白色鳞片，并具不明显的暗带。夏季发生一代。

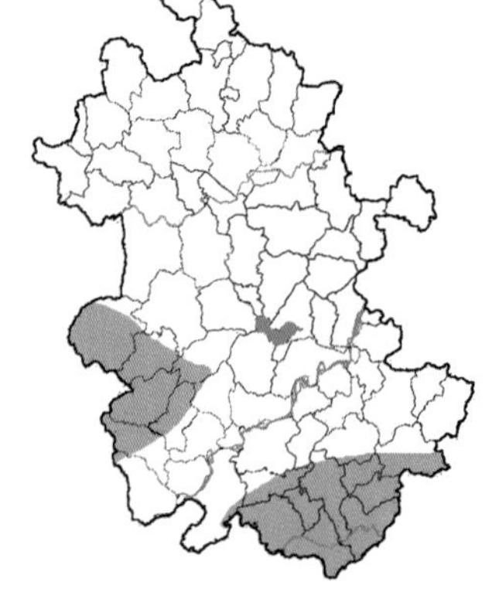

分布：六安、安庆、池州、黄山、宣城。

6.2.4 白弄蝶属 *Abraximorpha* Elwes et Edwards, 1897

9. 白弄蝶 *Abraximorpha davidii* (Mabille, 1876)

翅正面暗褐色,前翅中室基半部具1枚条状白斑,端半部有1枚方形大白斑,白斑上方另有1枚条状白斑,R_2室至M_2室有1列小白斑,其中M_1室及M_2室白斑偏外,M_3室及Cu_2室基半部各有1枚边缘内凹的白斑,Cu_2室中部偏内有1枚倾斜白斑,亚外缘具1列模糊的白斑;后翅亚基部、中部及外中部各有1白色横带,其中亚基部横带通过中室前缘与中带相连,中带沿各翅脉与外侧带相连,外侧带沿翅脉向外具辐射状白条。翅反面斑纹与正面近似,但翅脉为白色,亚外缘斑列更为发达,前翅2A室及后翅前缘为白色。夏季发生一代,以幼虫越冬。

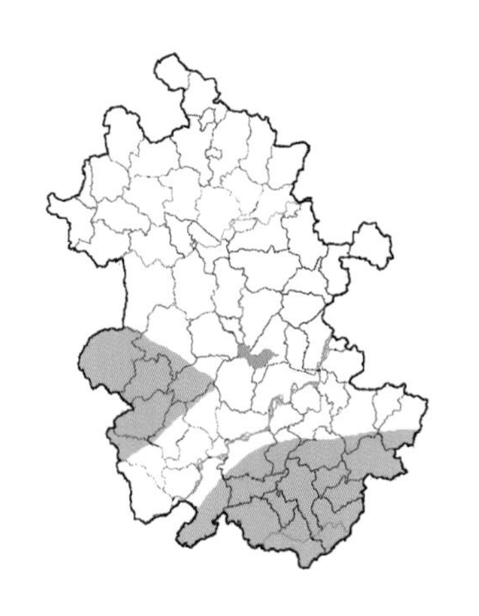

寄主:蔷薇科(Rosaceae)的悬钩子属(*Rubus* sp.)植物。

分布:六安、安庆、池州、黄山、宣城。

6.2.5 襟弄蝶属 *Pseudocoladenia* Shirôzu et Saigusa, 1962

10. 黄襟弄蝶* *Pseudocoladenia dan* (Fabricius, 1787)

翅正面红褐色，前翅亚顶角有3枚小白斑，中室端具上下2枚相连的白斑，上斑较小，其上方另有1枚小白斑，M_3室基部有1枚白斑，其下方靠内有1枚更大的白斑，Cu_2室外部具上下2枚分离的小白斑；后翅从基部向外具3列暗褐色斑，前后翅外缘区暗褐色。反面斑纹与正面相似。

寄主：唇形科(Labiatae)的密花香薷(*Elsholtzia densa*)，苋科(Ama ranthaceae)的土牛膝(*Achyranthes aspera*)。

分布：池州(据Huang, 2004)。

* 图示标本采自广西桂林。

11. 大襟弄蝶 *Pseudocoladenia dea* (Leech, 1894)

与黄襟弄蝶非常近似,但体型稍大,前翅中室前方Sc室白斑的长度大于中室斑最宽处的一半,中室内上下2枚斑大小相当,后翅底色为黄褐色。雄蝶前翅各斑略带黄色,雌蝶则为白色。夏季发生一代。

分布:池州、黄山、宣城。

6.2.6 星弄蝶属 *Celaenorrhinus* Hübner, [1819]

12. 斑星弄蝶 *Celaenorrhinus maculosa* (Felder et Felder, [1867])

翅正面黑褐色，前翅中室端斑白色，R_3室至M_2室有1列小白斑，其中M_1室及M_2室白斑偏外，M_3室基部有1枚小白斑，其下方靠内侧有1枚大白斑，Cu_2室基半部有1枚小白斑，外部有2枚错开排列的小白斑；后翅从基部向外有3列黄色斑。反面与正面相似，但前后翅基部具浅黄色纵向放射纹。前翅除Cu_2室外缘毛为黑褐色，后翅缘毛为黑褐色与浅黄色相间。夏季发生一代。

分布：六安、安庆、池州、黄山。

13. 黄射纹星弄蝶 *Celaenorrhinus oscula* Evans, 1949

与斑星弄蝶非常相似,但个体稍小。前翅中室端白斑内外边缘较整齐,而斑星弄蝶白斑下半部通常向外侧突出;亚顶角 R_5 室白斑比 R_4 室白斑显著较大,而斑星弄蝶一般不会超过 R_4 室白斑的2倍;M_3 室基部的小白斑大小约为 Cu_2 室外侧小白斑大小的2倍,而斑星弄蝶与 Cu_2 室外侧小白斑大小接近。

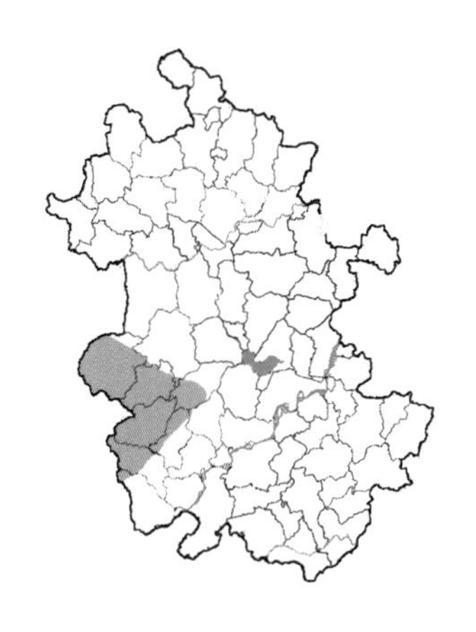

分布:六安。

6.2.7 梳翅弄蝶属 *Ctenoptilum* de Nicéville, 1890

14. 梳翅弄蝶 *Ctenoptilum vasava* (Moore, [1866])

翅红褐色至黄褐色，前翅亚外缘区以内及后翅基半部密布黑褐色鳞片，斑纹接近透明，前翅亚顶角R_2室至R_5室有密排的数枚斑，中室基部有1枚小斑，中室端脉浅黄白色，内侧上下2枚斑融合，上斑稍小，其上方另有2枚小斑，M_1室至M_3室各有1枚斑，其中M_1室及M_2室斑较小，Cu_1室有1枚较大的矩形斑，基部另有1枚小斑，Cu_2室中部外侧具上下2枚错开排列的小斑；后翅外缘在M_3脉及R_2脉处向外突出，基半部具多枚大小不一的不规则斑。翅反面为红褐色至黄褐色，斑纹与正面基本一致。春季发生一代，以蛹越冬。

分布：六安、合肥、安庆、芜湖、马鞍山及长江以南各市。

6.2.8 飒弄蝶属 *Satarupa* Moore, [1866]

15. 蛱型飒弄蝶 *Satarupa nymphalis* (Spreyer, 1879)

翅正面黑褐色，前翅中室端有1枚小白斑，亚顶角R_3室至R_5室具1列密排的白斑，M_1室及M_2室各有1枚椭圆形小白斑，M_3室及Cu_1室各有1枚宽白斑，Cu_2室有上下2枚白斑；后翅具一宽阔的白色中带，其外缘为1列深色斑。反面与正面相似，但前翅Cu_2室白斑外侧有灰白色鳞片，后翅基半部为白色，$Sc+R_1$室具2枚黑斑。前翅缘毛黑褐色，后翅缘毛在翅脉处为黑褐色，其余为白色。较近似飒弄蝶*Satarupa gopola*，但反面后翅外中区黑斑之间沿翅脉无白色。夏季发生一代，以幼虫越冬。

寄主：芸香科（Rutaceae）的吴茱萸（*Evodia rutaecarpa*）。

分布：池州、黄山、宣城。

16. 密纹飒弄蝶 *Satarupa monbeigi* Oberthür, 1921

翅正面黑褐色，前翅中室端具1枚近矩形的白斑，亚顶角R_3室至R_5室具1列密排的白斑，M_1室及M_2室各有1枚椭圆形小白斑，M_3室及Cu_1室各有1枚宽白斑，Cu_2室有上下2枚稍窄的白斑；后翅具1宽阔的白色中带，其外缘为1列深色斑。反面与正面相似，但前翅Cu_2室白斑外侧有灰白色鳞片，后翅基半部为白色，$Sc+R_1$室具2枚黑斑。前翅缘毛黑褐色，后翅缘毛在翅脉处为黑褐色，其余为白色。夏季发生一代，以幼虫越冬。

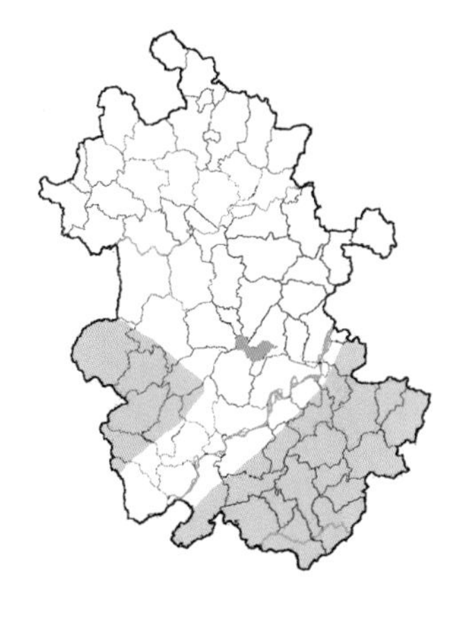

寄主：芸香科（Rutaceae）的吴茱萸（*Evodia rutaecarpa*）。

分布：六安、安庆、芜湖、池州、黄山、宣城。

6.2.9 窗弄蝶属 *Coladenia* Moore, [1881]

17. 花窗弄蝶 *Coladenia hoenei* Evans, 1939

翅正面棕褐色，中室端有1枚大白斑，其上方有2枚小白斑，亚顶区R_3室至R_5室有3枚相连的白斑，M_1室及M_2室有2枚小白斑，M_3室有1枚白斑，其下方靠内有1枚更大的白斑，Cu_1室外部有2枚错开排列的小白斑；后翅中室端有1枚大白斑，$Sc+R_1$室基半部及外部各有1枚小白斑，Cu_2室基半部有1枚小白斑，中区有1列小白斑。反面斑纹与正面相似。

分布：池州、黄山。

18. 幽窗弄蝶 *Coladenia sheila* Evans, 1939

翅正面黑褐色，前翅中室端有1枚白斑，其上方有1枚小白斑，亚顶角R_3室至R_5室有3枚小白斑，其中R_5室白斑外移，M_1室及M_2室有时有小白斑，M_3室基部有1枚白斑，其下方内侧有1枚大白斑，Cu_2室外部具上下2枚错开排列的小白斑；后翅$Sc+R_1$室基部有1枚小白斑，中室内有1枚大白斑，外中斑列白色，彼此仅以翅脉分割，与中室斑之间有1枚底色短线，Cu_2室白斑中部有1枚底色方斑，后翅具浅灰色亚外缘线。反面前翅后缘区及后翅外缘区灰白色，斑纹与正面相似。

分布：池州、黄山。

6.2.10 黑弄蝶属 Daimio Murray, 1875

19. 黑弄蝶 *Daimio tethys* (Ménétriés, 1857)

翅正面黑色,前翅中室端有1枚大白斑,上方有1枚小白斑,亚顶区R_3室至R_5室有3枚相连的白斑,M_1室及M_2室各有1枚小白斑,M_3室至Cu_2室各有1枚较大的白斑;后翅具较宽的白色中带,其外侧有1列黑色圆斑,Cu_1室黑斑嵌入白色中带内。反面与正面相似,但后翅基半部灰白色,有数枚黑斑。

寄主:天南星科(Araceae)的芋(*Colocasia esculenta*),薯蓣科(Dioscoreaceae)的薯蓣(*Dioscorea opposita*)。

分布:六安、合肥、滁州、安庆、芜湖、马鞍山及长江以南各市。

6.3 弄蝶亚科 Hesperiinae

6.3.1 腌翅弄蝶属 *Astictopterus* Felder et Felder, 1860

20. 腌翅弄蝶 *Astictopterus jama* Felder et Felder, 1860

翅正面黑褐色,反面前翅端半部及后翅颜色稍淡。旱季型前翅正反面亚顶角R_3室至R_5室具1列小白斑。

分布:六安、安庆、池州、黄山、宣城。

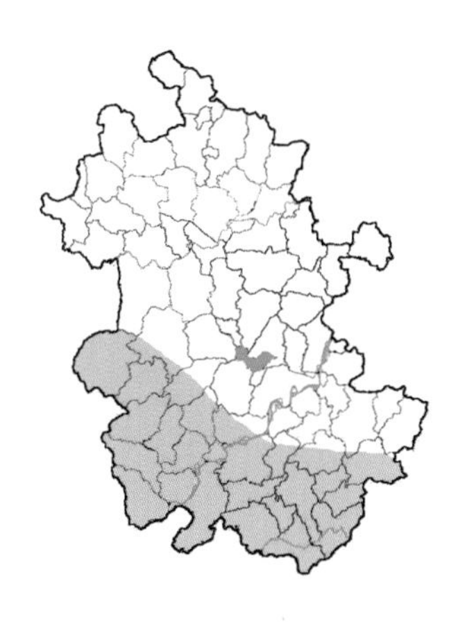

6.3.2 锷弄蝶属 *Aeromachus* de Nicéville, 1890

21. 河伯锷弄蝶 *Aeromachus inachus* (Ménétriés, 1859)

翅正面黑褐色,前翅中室有1枚小白斑,外中区有1列小白斑,雄蝶Cu_2室中部具性标。反面前翅与正面相似,但具1列亚外缘斑,后翅黑褐色,被黄褐色鳞片,翅脉黄褐色,亚基部、中区及亚外缘各有1列小白斑,白斑两侧黑色。以幼虫越冬。

分布:全省广布。

22. 黑锷弄蝶 *Aeromachus piceus* Leech, 1894

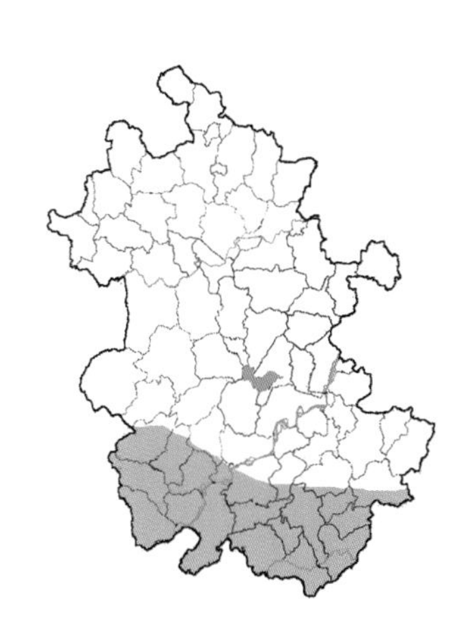

翅正面黑色，雄蝶 Cu_1 室基部至2A脉具性标。反面黑褐色，前翅前缘、顶区及后翅被黄色鳞片，前翅具1列灰白色外中斑及亚外缘斑，后翅具外中斑列及亚外缘斑列灰白色，较模糊。

分布：安庆、池州、黄山、宣城。

23. 小锷弄蝶 *Aeromachus nanus* (Leech, 1890)

翅黑褐色，正面前翅亚顶角 R_3室至 R_5室有时具3枚淡黄色小斑。反面前翅前缘、顶区及后翅被黄褐色鳞片，前翅亚顶角具3枚淡黄色小斑，M_3室及 Cu_1室各有1枚淡黄色小斑；后翅 $Sc+R_1$室基部及中室各有1枚黄白色斑，具1列黄白色外中斑及1列亚外缘斑。

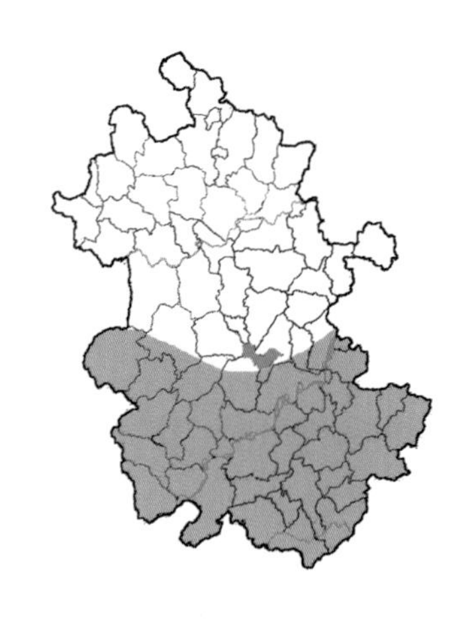

寄主：禾本科（Gramineae）的李氏禾（*Leersia hexandra*）。

分布：六安、安庆、芜湖、马鞍山及长江以南各市。

6.3.3 黄斑弄蝶属 *Ampittia* Moore, [1882]

24. 黄斑弄蝶 *Ampittia dioscorides* (Fabricius, 1793)

雄蝶翅正面黑褐色，斑纹黄色，前翅前缘具1枚条状斑，在下方与中室内弓形斑相连，外侧与亚顶区平行四边形黄斑相接，M_3室及Cu_1室有2枚紧挨的条斑，其下方Cu_2室下半部有1枚小斑；后翅外中区有1列很宽的黄斑。反面前翅与正面近似，但Cu_1室上方具亚外缘斑，翅外缘黄色；后翅黄色，基半部具数枚黑褐色斑，外中区及亚外缘各有1列模糊的黑褐色斑。雌蝶与雄蝶近似，但正面前缘仅分布黄色鳞，中室斑较小，前后翅外中斑列各斑略窄。

分布：六安、合肥、安庆、芜湖、马鞍山、池州、宣城。

25. 钩形黄斑弄蝶 *Ampittia virgata* (Leech, 1890)

雄蝶翅正面黑褐色，斑纹橙黄色，中室内有上下2枚楔形斑，下斑较长，两斑外侧相连，翅前缘有1枚条状斑，R_1室及R_2各有1枚条斑，亚顶区R_3室到R_5室有3枚相连的斑，M_3室及Cu_1室各有1枚斑，Cu_2室中部靠内至2A室有一黑色性标，性标内侧区域被橙黄色鳞片；后翅中部具橙黄色鳞毛，外中区Cu_1室及M_3室各有1枚斑。翅反面与正面斑纹接近，但前后翅具黄色外缘线及亚外缘线，沿翅脉具黄色放射状条纹，前翅Cu_2室中部有1枚模糊的浅黄色斑，后翅基半部为黄色。雌蝶与雄蝶近似，但前翅Cu_2室外侧具上下2枚黄色斑。

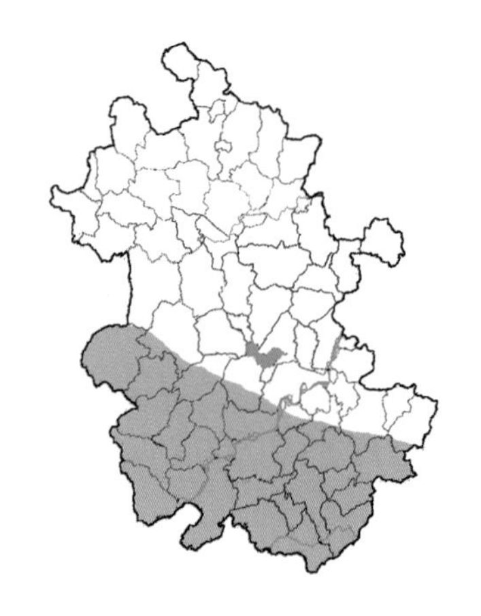

寄主：禾本科（Gramineae）的芒（*Miscanthus sinensis*）。

分布：六安、安庆、池州、黄山、宣城。

6.3.4 讴弄蝶属 *Onryza* Watson, 1893

26. 讴弄蝶 *Onryza maga* (Leech, 1890)

雄蝶翅正面黑褐色，斑纹黄色，前翅基部被黄毛，中室内具上下2枚斑，上斑长度较短，下斑较长，向内尖出，亚顶角R_3室至R_5室有3枚并列的小斑，M_3室及Cu_1室各有1枚斑；后翅基半部被黄色毛，Cu_1室及M_3室具2枚矩形斑。反面前翅前缘、顶角、中室基部及后翅被黄色鳞，前翅斑纹浅黄色，与正面相似，Cu_1室上方具黄山亚外缘线及外缘线；后翅2A室黑褐色，从基部向外具四列小黑斑。

寄主：禾本科(Gramineae)的芒(*Miscanthus sinensis*)。

分布：池州、黄山、宣城。

6.3.5 酣弄蝶属 *Halpe* Moore, 1878

27. 地藏酣弄蝶 *Halpe dizangpusa* Huang, 2002

正面黑褐色，前翅中室内具一白色上中室斑，R_3室至R_5室有3枚小白斑，M_3室及Cu_1室基部各有1枚白斑，Cu_2室至2A室基半部具1枚黑褐色性标；后翅中部有时会有1枚模糊的白斑。反面棕褐色，M_3室、Cu_1室基半部及Cu_2室、2A室黑褐色，前翅白斑与正面相似，具1列淡黄色亚缘斑；后翅Sc+R_1室基部及中室各有1枚淡黄色斑，中域及亚外缘各有1列淡黄色斑。是Huang Hao根据安徽九华山的标本发表的种类，与文章中所检视的四川标本的区别是通常个体稍小，雄性外生殖器抱器瓣端瓣为弧形凹入。地位可能需要*Halpe nephele*选模的生殖器信息来证实。

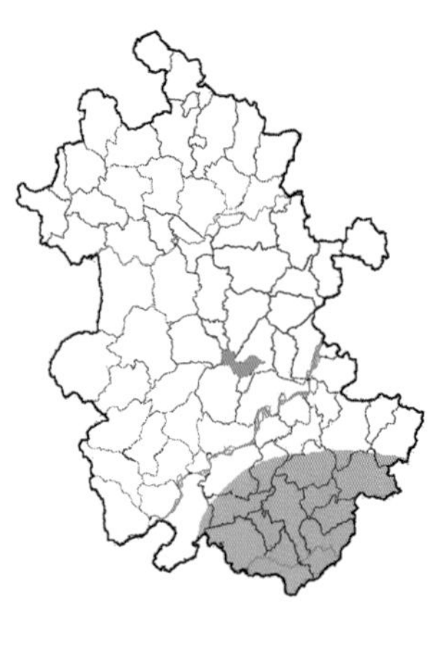

分布：池州、黄山、宣城。

6.3.6 陀弄蝶属 *Thoressa* Swinhoe, [1913]

28. 花裙陀弄蝶 *Thoressa submacula* (Leech, 1890)

翅正面黑褐色，前后翅基部被黄褐色毛，前翅中室内上下2枚白斑融合，亚顶区R_3室至R_5室具3枚白斑，M_1室及Cu_1各有1枚白斑，雄蝶Cu_2至2A室中部靠内具性标；后翅Cu_1室、M_3室及Rs室各有1枚白斑。反面前翅顶区、亚顶区及后翅被黄褐色鳞片，前翅斑纹与正面相似，但前缘有1枚黄色条斑，具1列淡黄色亚外缘斑，Cu_2室中部有1枚模糊的淡黄色斑；后翅$Sc+R_1$室基部各有1枚淡黄色斑，后翅端半部具数枚密排的淡黄色斑，其外缘整齐，其中$Sc+R_1$室、M_1室及M_2室斑较长，$Sc+R_1$室、M_1室、M_2室、M_3室及Cu_1室斑从中部断开，或中部有断痕。

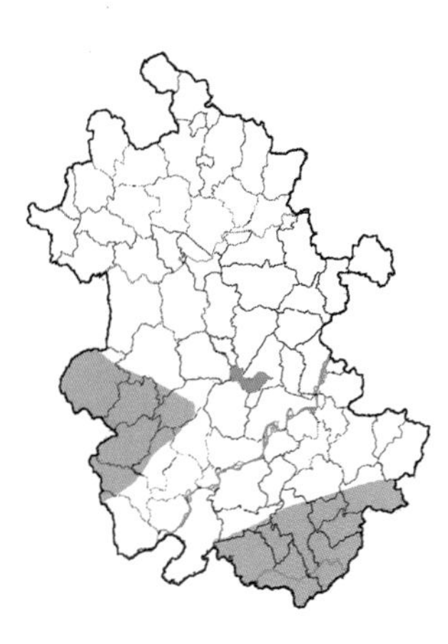

分布：六安、安庆、池州、黄山、宣城。

29. 黄毛陀弄蝶 *Thoressa kuata* (Evans, 1940)

翅正面黑褐色，前翅基部、后翅中部及基部被黄褐色鳞毛，前翅中室内上下2枚白斑融合，其中下方1枚白斑向内突出，亚顶角具2~3枚小白斑，M_3室及Cu_1室各有1枚白斑，雄蝶在Cu_2室至2A室基半部具1枚黑褐色性标；后翅M_3室基部有1枚小白点。反面黄褐色，前翅2A室、Cu_2室及Cu_1室有一灰褐色区域，前翅斑纹与正面相似，后翅$Sc+R_1$室基半部具2枚小白点，Cu_1室、M_3室及Rs室各有1枚白斑。夏季发生一代。

分布：池州、黄山、宣城。

6.3.7 姜弄蝶属 *Udaspes* Moore, [1881]

30. 姜弄蝶 *Udaspes folus* (Cramer, [1775])

翅正面黑褐色，中室内有一较大的近方形白斑，亚顶区 R_2 室有一白点，R_3 室至 R_5 室有3枚毗连的白斑，其外侧 M_1 室及 M_2 室有2枚白斑，M_3 室另有1枚独立的白斑，Cu_1 室及 Cu_2 室各有1枚较大的白斑；后翅基部及内缘具棕色毛，中域具数枚相连的白斑。反面白斑与正面相似，前翅前缘棕色，亚外缘区在 Cu_1 室上方具一模糊的浅灰色带，其外侧棕灰色；后翅中室内白色，与中域白斑相连，白斑上方各室为棕色，其中 $Sc+R_1$ 室基半部有1枚小斑，中域白斑内侧有一小块黑色区域，外侧有一模糊的灰色带，其外侧为棕灰色，臀区为灰白色。以蛹越冬。

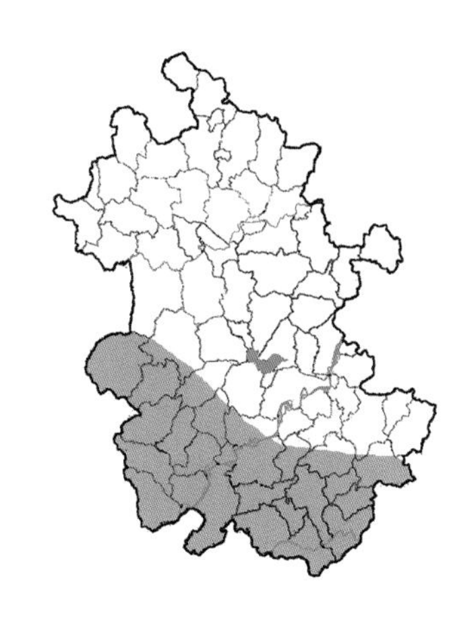

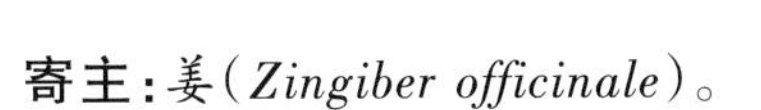

寄主：姜(*Zingiber officinale*)。

分布：六安、安庆、池州、黄山、宣城。

6.3.8 袖弄蝶属 *Notocrypta* de Nicéville, 1889

31. 曲纹袖弄蝶 *Notocrypta curvifascia* (Felder et Felder, 1862)

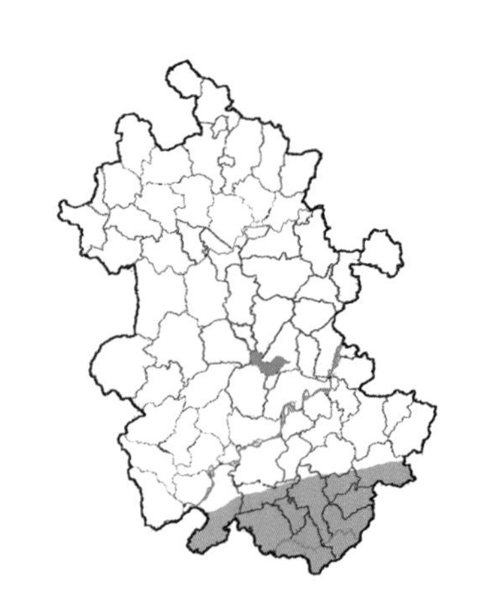

翅正面黑褐色,前翅亚顶区R_3室至R_5室有3枚小白斑,M_1室至M_3室的小白斑有时缺失,中室端部有1枚白斑,与Cu_1室及Cu_2室白斑连成一倾斜的白带。反面与正面相似,但颜色稍浅,前翅顶角附近具淡紫色亚外缘线,后翅中域具暗色阴影。

分布:池州、黄山、宣城。

32. 宽纹袖弄蝶 *Notocrypta feisthamelii* (Boisduval, 1832)

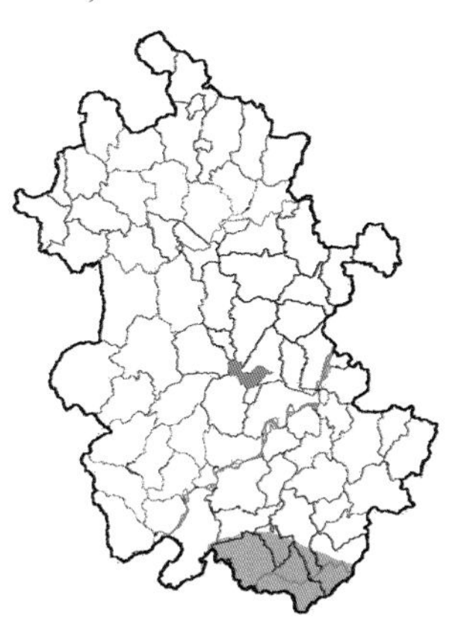

翅正面黑褐色，前翅亚顶区 R_3 室至 R_5 室有 3 枚小白斑，中室端部有 1 枚白斑，与 Cu_1 室及 Cu_2 室白斑连成一倾斜的白带。反面与正面相似，但颜色稍浅，前翅顶角附近具淡紫色亚外缘线。与曲纹袖弄蝶较近似，但反面前翅白带抵达前缘。

分布： 池州、黄山、宣城。

6.3.9 旖弄蝶属 *Isoteinon* Felder et Felder, 1862

33. 旖弄蝶 *Isoteinon lamprospilus* Felder et Felder, 1862

翅正面黑褐色，前翅亚顶角R_3室至R_5室有3枚小白斑，中室端有1枚近矩形白斑，M_3室及Cu_2室各有1枚白斑，Cu_2室中部偏外有上下2枚白斑，其中上方白斑很小。反面黄褐色，前翅中室后缘、M_3室及下方为黑褐色，斑纹与正面相似，但具1列黄褐色亚缘斑；后翅$Sc+R_1$室基部、中室及Cu_2室基半部各有1枚小白斑，具黑褐色边，外中区有1列小白斑，具黑褐色边。

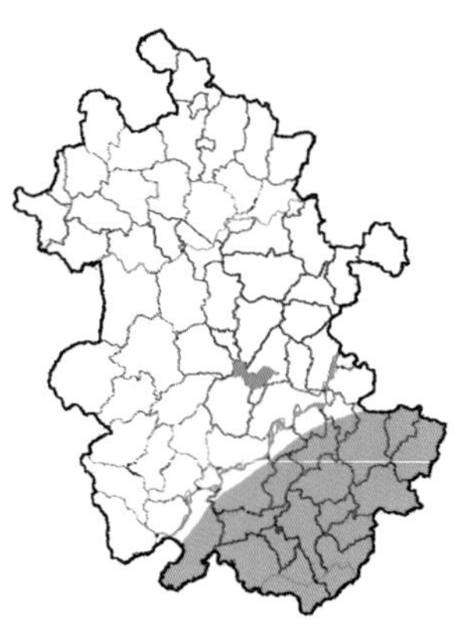

寄主：禾本科(Gramineae)的芒(Miscanthus sinensis)。

分布：芜湖、池州、黄山、宣城。

6.3.10 蕉弄蝶属 *Erionota* Mabille, 1878

34. 黄斑蕉弄蝶 *Erionota torus* Evans, 1941

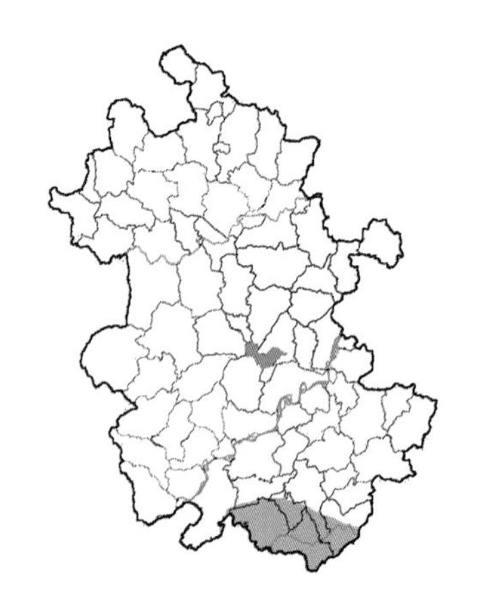

翅正面黑褐色，斑纹淡黄色，前翅中室内有1枚近矩形大斑，M_3室中部有1枚近平行四边形斑，Cu_1室有1枚大斑。翅反面褐色，中室及Cu_1室基部为黑褐色，斑纹与正面相似。

分布：池州、黄山。

6.3.11 谷弄蝶属 *Pelopidas* Pelopidas Walker, 1870

35. 隐纹谷弄蝶 *Pelopidas mathias* (Fabricius, 1798)

翅正面黑褐色，被黄褐色鳞毛，前翅有上下2枚白色中室斑，亚顶角R_3室至R_5各有1枚小白斑，其中R_5室白斑外移，M_2室至Cu_1室各有1枚小白斑，雄蝶Cu_2室中部具1枚倾斜的灰色性标，雌蝶具1~2枚白斑。翅反面黄褐色，前翅下半部黑褐色，斑纹与正面相似，雄蝶在正面性标对应位置处有1枚模糊的灰白色斑；后翅中室有1枚小白点，外中区为1列小白点。较近似南亚谷弄蝶 *Pelopidas agna*，但雄蝶前翅正面中室白点连线与性标中段相交。以幼虫越冬。

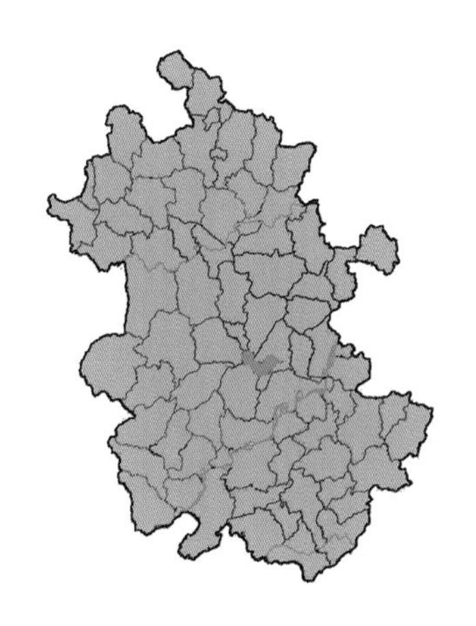

寄主：禾本科(Gramineae)的高粱(*Sorghum bicolor*)、稻(*Oryza sativa*)等。

分布：全省广布。

36. 中华谷弄蝶 *Pelopidas sinensis* (Mabille, 1877)

翅正面黑褐色，前后翅基部及后翅内缘被黄褐色毛，前翅中室内有上下2枚错开的白斑，亚顶角R_3室至R_5室有3枚小白斑，其中R_5室1枚外移，M_2室到Cu_1室有1列逐渐增大的白斑，雄蝶Cu_2室具一倾斜的性标，雌蝶则为上下2枚倾斜排列的白斑；后翅外中区有1列小白斑，其中Cu_1室及Rs室2枚较弱。反面黄褐色，Cu_1室至2A室为黑褐色，斑纹与正面相似，雄蝶Cu_2室与正面性标对应位置有1枚模糊的灰白色斑；后翅中室有1枚小白斑，外中区Cu_1室至Rs室有1列小白斑。以幼虫越冬。

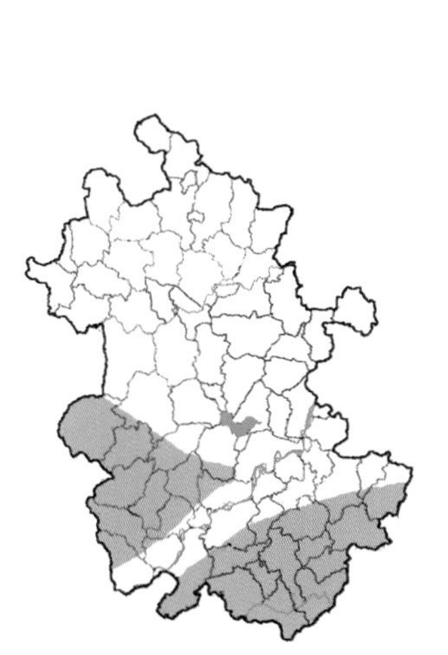

分布：六安、安庆、池州、黄山、宣城。

37. 近赭谷弄蝶 *Pelopidas subochracea* (Moore, 1878)

翅正面棕褐色，前翅中室具上下2枚错开排列的白斑，亚顶角 R_3 室至 R_5 室有3枚白斑，M_2 室至 Cu_1 室有1列逐渐增大的白斑，Cu_2 室性标白色，中室斑中心连线恰好交于性标末端；后翅外中区有1列较弱的白斑。反面翅被黄褐色鳞片，前翅下部为灰褐色，斑纹与正面相似，后翅中室内具1枚白斑，$Sc+R_1$ 室中部靠内有1枚小白斑，外中区 Cu_1 室至Rs室有1列白斑，其中Rs室白斑较大，臀区棕褐色，臀角向外突出稍明显。夏型个体体型与隐纹谷弄蝶相当而小于中华谷弄蝶，但春型个体较小，翅反面色较深，后翅白斑大而明显，前翅中室斑较小。本种此前在国内仅香港有确凿记录(Evans，1949)，在安徽产地种群数量也极其稀少。

分布：淮南。

6.3.12 刺胫弄蝶属 *Baoris* Moore, [1881]

38. 黎氏刺胫弄蝶 *Baoris leechii* Elwes et Edwards, 1897

翅正面黑褐色,前翅中室内具上下2枚白斑,亚顶角R_3室至R_5室有3枚小白斑,其中R_5室1枚外移,M_2室至Cu_1室基部有1列依次增大的白斑,雌蝶在Cu_2室后缘有1枚小白斑;雄蝶后翅基部具1簇褐色毛。反面翅黄褐色,前翅Cu_2室及2A室中部灰白色,后角及基部黑褐色,斑纹与正面相似;后翅无斑。

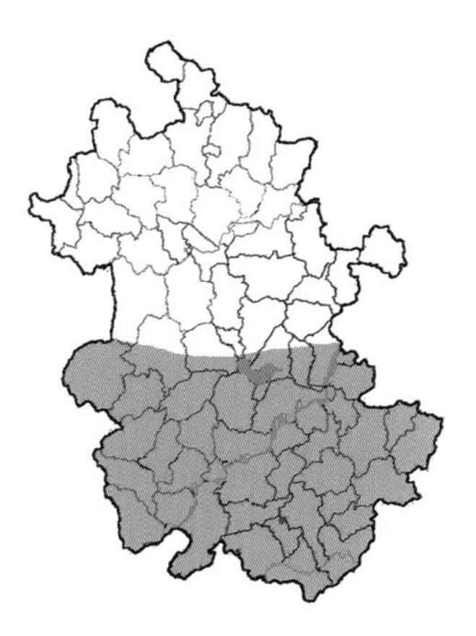

分布:六安、安庆、合肥及长江以南各市。

39. 刺胫弄蝶* *Baoris farri* (Moore, 1878)

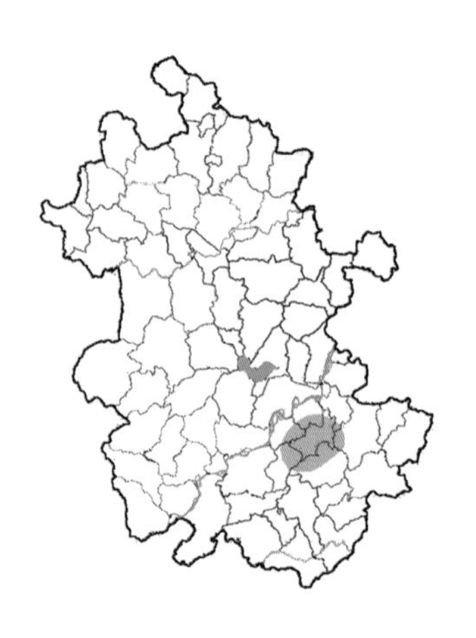

与黎氏刺胫弄蝶近似，但前翅斑纹稍小，翅反面为深棕色，无黄褐色鳞片。

分布：芜湖（Huang，2011）。

* 图示标本采自广西南宁。

6.3.13 稻弄蝶属 *Parnara* Moore, [1881]

40. 直纹稻弄蝶 *Parnara guttata* (Bremer et Grey, [1852])

翅正面黑褐色，前翅中室内有上下2枚条状短白斑，其中上侧白斑总是稳定存在，亚顶角R_3室至R_5室有3枚小白斑，M_2室至Cu_1室有1列依次增大的白斑；后翅外中区有4枚矩形白斑。反面底色为黄褐色，前翅中室后缘、Cu_1室基半部、Cu_2室及2A室黑褐色，斑纹与正面相似，后翅Rs室有时具1枚小白斑。以幼虫越冬。

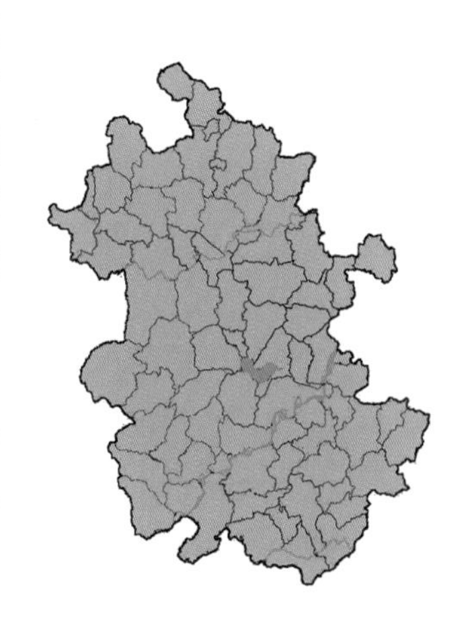

寄主：禾本科(Gramineae)的稻(*Oryza sativa*)、芒(*Miscanthus sinensis*)、甘蔗(*Saccharum officinarum*)、高粱(*Sorghum bicolor*)。

分布：全省广布。

41. 粗突稻弄蝶 *Parnara batta* Evans, 1949

与直纹稻弄蝶十分近似，但个体较小，前翅中室斑较小，下中室斑有时会消失，后翅白斑较小，近圆形，有时甚至会退化。本种在雄性外生殖器上与直纹稻弄蝶有比较稳定的区分，背兜上突粗大(Devyatkin et Monastyrskii，2002)，分子证据亦支持本种独立(Guo et al.，2010)。以幼虫越冬。

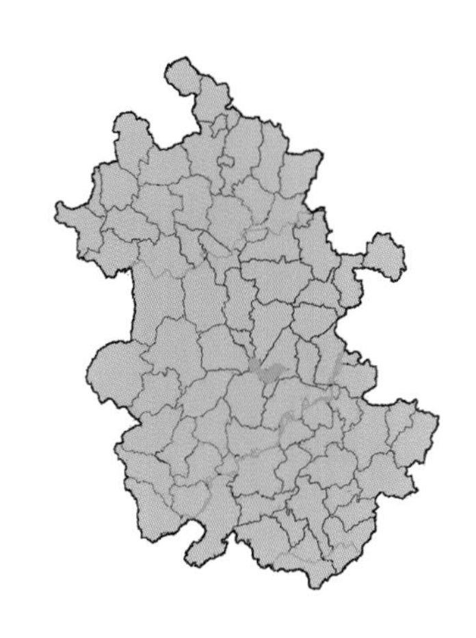

分布：全省广布。

6.3.14 拟籼弄蝶属 *Pseudoborbo* Lee, 1966

42. 拟籼弄蝶 *Pseudoborbo bevani* (Moore, 1878)

翅正面黑褐色，前翅中室有1枚白色上中室斑，亚顶角R_3室至R_5室有3枚小白斑，M_2室至Cu_1室有1列依次增大的白斑；反面黄褐色，前翅后半部黑褐色，斑纹与正面相似，后翅Cu_1室、M_3室及Rs室各有1枚白斑。

分布：淮河以南各市，但数量十分稀少。

6.3.15 孔弄蝶属 *Polytremis* Mabille, 1904

43. 黑标孔弄蝶 *Polytremis mencia* (Moore, 1877)

翅正面黑褐色，中室内有上下2枚并列的白斑，亚顶角R_3室至R_5室有3枚小白斑，M_2室至Cu_1室有1列依次增大的白斑，雄蝶Cu_2室具1枚倾斜的灰色性标，雌蝶Cu_2室中部后缘有1枚小白斑；后翅外中区Cu_1室至M_1室有1列小白斑。翅反面灰绿色，前翅后半部黑褐色，斑纹与正面相似。

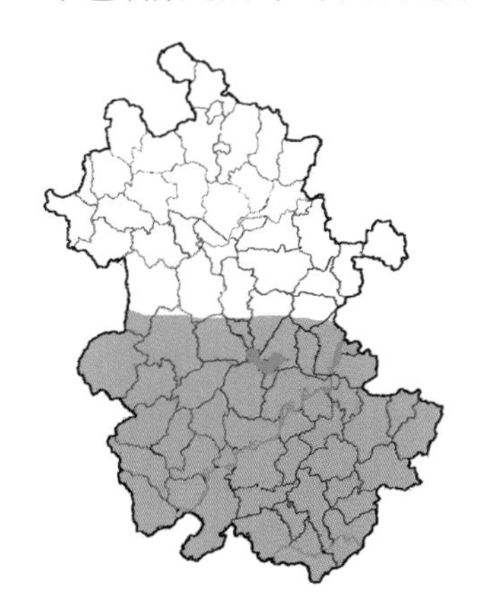

分布：六安、合肥、安庆、芜湖、马鞍山及长江以南各市。

44. 刺纹孔弄蝶 *Polytremis zina* (Evans, 1932)

雄蝶翅正面黑褐色,前翅中室内有上下2枚白斑,其中下侧白斑较长,向内突出,亚顶角R_3室至R_5室有3枚小白斑,M_2室至Cu_1室有1列依次增大的白斑,Cu_2室中部后缘有1枚小白斑;后翅外中域Cu_1室至M_1室有1列白斑。反面棕黄色,前翅后半部为黑褐色,斑纹与正面相似。雌蝶与雄蝶近似,但翅型稍圆,前翅中室内上下2枚白斑并列且长度相当。

分布:池州、黄山、宣城。

45. 白缨孔弄蝶 *Polytremis fukia* Evans, 1940

原作为盒纹孔弄蝶*Polytremis theca*的亚种，但二者分布重叠，且外形和分子上都有稳定差异(Jiang et al., 2016)。前翅中室内有上下2枚白斑，亚顶角R_3室至R_5室有3枚小白斑，M_2室至Cu_1室有1列依次增大的白斑，Cu_2室中部具上下2枚白斑，其中上侧白斑很小，位置偏外；后翅外中域Cu_1室至M_1室有1列白斑，其中Cu_1室及M_2室白斑稍长。反面灰绿色，前翅后半部黑褐色，后翅被灰白色鳞片，斑纹与正面基本相似。

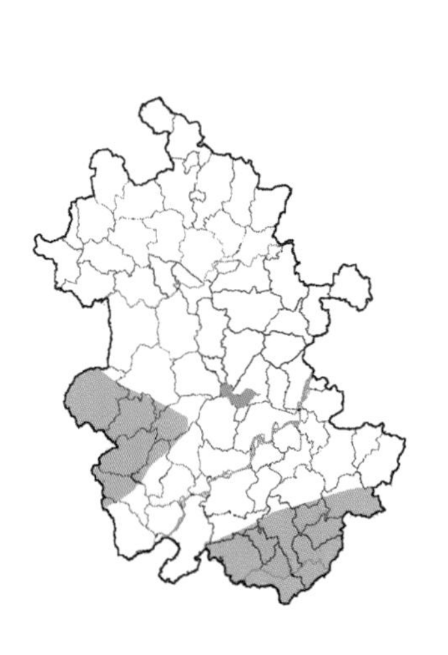

分布：六安、安庆、池州、黄山、宣城。

46. 黄纹孔弄蝶 *Polytremis lubricans* (Herrich-Schäffer, 1869)

翅正面黑褐色，前后翅基部及后翅中部有黄褐色毛，斑纹黄白色，前翅中室内有上下2枚小斑，亚顶角R_3室至R_5室有3枚小斑，M_2室至Cu_1室有1列依次增大的斑，其中Cu_1室斑非常宽，Cu_2室后缘具1枚小斑；后翅外中区Cu_1室至Rs室有1列小斑，其中M_2室斑较长，Cu_1室、M_3室及$Sc+R_1$室白斑常退化。反面棕黄色，前翅后半部为黑褐色，斑纹与正面相似。

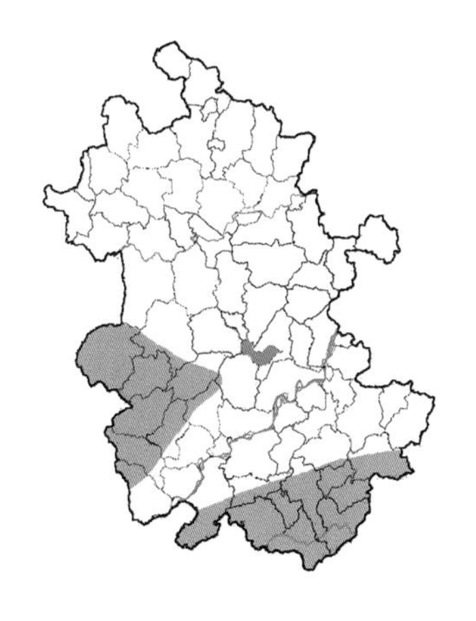

分布：六安、安庆、池州、黄山、宣城。

47. 透纹孔弄蝶 *Polytremis pellucida* (Murray, 1875)

翅正面黑褐色，中室内有上下2枚并列的白斑，亚顶角R_3室至R_5室有3枚小白斑，M_2室至Cu_1室有1列依次增大的白斑，Cu_2室中部后缘有1枚小白斑；后翅外中区Cu_1室至M_1室有1列小白斑，有时消失。翅反面浅黄褐色，前翅后半部黑褐色，斑纹与正面相似。

分布：六安、安庆、池州、黄山、宣城。

6.3.16 长标弄蝶属 *Telicota* Moore, [1881]

48. 红翅长标弄蝶 *Telicota ancilla* (Herrich-Schäffer, 1869)

翅正面黑褐色，斑纹橙色，前翅中室内具上下2枚楔形斑，其外侧相连，前缘有1枚条状斑，R_3室至Cu_2室有1列橙色斑，其中M_1室及M_2室橙色斑外移，后缘具1枚橙色条斑，雄蝶具性标；后翅中室有1枚橙色斑，外中区Cu_2室至M_1室有1条曲折的橙色宽带，Cu_2室内侧有1条橙色线抵达外缘，缘毛橙色。反面前翅与正面相似，但Cu_2脉上方亚外缘区橙黄色；后翅各橙色斑两侧具黑色边，2A室有黑色鳞片，其余部分橙黄色。

分布：六安、安庆。

6.3.17 黄室弄蝶属 *Potanthus* Scudder, 1872

49. 曲纹黄室弄蝶 *Potanthus flava* (Murray, 1875)

翅正面黑褐色，斑纹黄色，前翅中室内具上下2枚楔形斑，其外侧相连，前缘有1条状斑，R_3室至Cu_2室有1列黄斑，其中M_1室及M_2室黄斑外移，后缘具1黄色条斑；后翅中室及$Sc+R_1$室各有1枚黄斑，外中区有1条曲折的黄色带。反面前翅与正面相似，但Cu_2脉上方亚外缘区黄色；后翅各黄斑两侧具黑褐色阴影状斑，2A室有黑褐色区域，其余部分黄色。

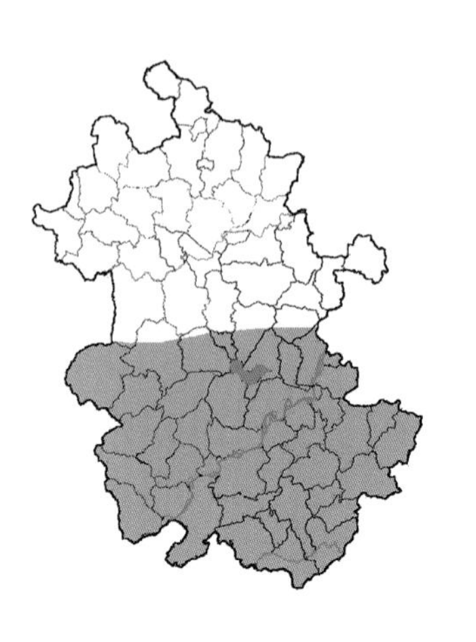

分布：六安、合肥、安庆、芜湖、马鞍山及长江以南各市。

50. 孔子黄室弄蝶 *Potanthus confucius* (Felder et Felder, 1862)

与曲纹黄室弄蝶非常近似，但个体稍小，翅型较圆钝，前翅R_5室黄斑下缘与M_1室黄斑上缘通常具重叠部分。

分布：六安、合肥、安庆、芜湖、马鞍山及长江以南各市。

51. 严氏黄室弄蝶 *Potanthus yani* Huang, 2002

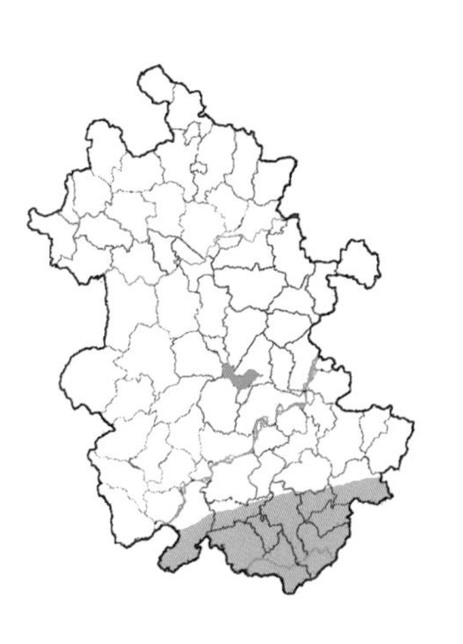

与曲纹黄室弄蝶非常近似，一般仅能通过解剖外生殖器加以鉴定。反面前翅 Cu_1 室基部有时具黄斑，后翅中域黄斑连贯。

分布：池州、黄山、宣城。

6.3.18 豹弄蝶属 *Thymelicus* Hübner, [1819]

52. 豹弄蝶 *Thymelicus leonina* (Butler, 1878)

翅正面橙黄色,翅脉黑色,外缘区黑褐色,后翅前缘及臀角黑褐色,雄蝶前翅 Cu_1 脉基部至 2A 脉基半部有一黑色线状性标。反面橙黄色,翅脉黑色,前翅 Cu_2 室基部及后角为黑色。

分布:六安、安庆。

53. 黑豹弄蝶 *Thymelicus sylvatica* (Bremer, 1861)

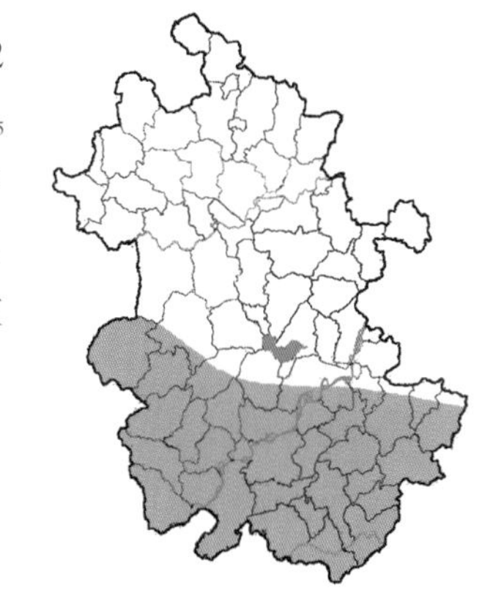

翅正面黑褐色，斑纹橙黄色，前翅中室内有上下2枚斑，上斑较长，前翅前缘各室均有斑，亚顶角 R_3 至 R_5 室内有3枚斑，M_1 室至 Cu_2 室斑构成外中斑列；后翅外中域 Cu_1 室至 Rs 室有1列斑。反面黄褐色，翅脉黑褐色，前翅后角、基部、后缘及后翅臀角有黑褐色区域，斑纹与正面相似。

寄主：禾本科（Gramineae）植物。

分布：六安、安庆、芜湖、池州、黄山、宣城。

6.3.19 赭弄蝶属 *Ochlodes* Scudder, 1872

54. 小赭弄蝶 *Ochlodes similis* (Leech, 1893)

雄蝶翅正面黑褐色，基部褐色，斑纹橙色，中室及前缘有橙色斑，R_3室至Cu_2室具1列斑，其中M_1室及M_2室斑较小，明显外移，Cu_1脉基部至2A脉基半部有一黑色性标；后翅外中域Cu_1室至Rs室有1列斑。反面黄褐色，前翅中室下方及后缘具黑褐色区域，斑纹与正面近似。雌蝶与雄蝶相似，但前翅正面基部为底色，前缘区内侧无橙色斑，中室斑稍小。

分布：池州、黄山、宣城。

55. 淡斑赭弄蝶 *Ochlodes venata* (Bremer et Grey, 1853)

与小赭弄蝶近似，但个体稍大，雄蝶前翅外缘较平直，翅正面底色较淡，与橙色斑纹对比不明显。

分布：六安、安庆。

56. 透斑赭弄蝶 *Ochlodes linga* Evans, 1939

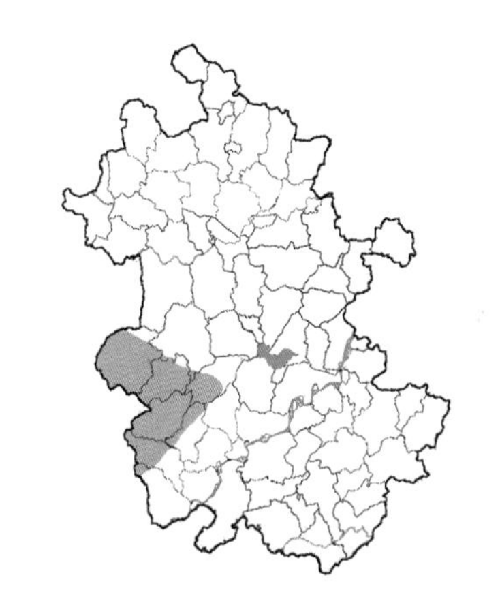

雄蝶翅正面黑褐色，前翅基部褐色，中室端部具2枚半透明的橙色斑，亚顶角R_3室至R_5室有3枚半透明的橙色斑，M_3室及Cu_1室各有1枚半透明的橙色斑，Cu_2室中部有1枚橙色斑，从Cu_1脉基部至2A脉基半部有一灰色性标，其边缘黑褐色；后翅中域具数枚橙色斑。反面黄褐色，前翅中室下方、后角及后缘具黑褐色区域，斑纹与正面接近。雌蝶与雄蝶近似，但正面前翅基部为底色，具褐色鳞片，Cu_1室斑很宽，略呈矩形。

分布：池州、黄山、宣城。

57. 白斑赭弄蝶 *Ochlodes subhyalina* (Bremer et Grey, 1853)

雄蝶翅正面黑褐色，中室端部具2枚半透明的白斑，亚顶区 R_3 室至 R_5 室有3枚半透明的白斑，M_1 室至 Cu_1 室有1列半透明白斑，Cu_2 室中部有1枚橙色斑，Cu_1 脉基部至2A脉基半部具一很粗的性标，中央黑灰色，边缘黑色；后翅中室内有1枚橙色斑，外中域 Cu_1 室至Rs室有1列橙色斑。反面黄褐色，前翅中室下方、后角及后缘具黑褐色区域，斑纹与正面接近。雌蝶与雄蝶近似，但正面前翅基部为底色，Cu_1 室斑稍宽。

分布：六安、滁州、安庆、芜湖、马鞍山及长江以南各市。

58. 黄赭弄蝶 *Ochlodes crataeis* (Leech, 1893)

雄蝶翅正面黑褐色，基半部黄褐色，前翅中室端部有2枚白斑，亚顶角R_3室至R_5室有3枚小白斑，M_3室及Cu_1室各有1枚白斑，Cu_2室中部有1枚橙色斑，Cu_1室及Cu_2室具灰色性标，在Cu_2脉处断开，性标两侧黑色；后翅基部及中域被黄褐色鳞毛，外中区Cu_1室、M_3室及Rs室各有1枚近方形橙黄色斑。反面棕黄色，前翅后半部黑褐色，前后翅斑纹白色，排列同正面。雌蝶与雄蝶近似，但正面前翅基半部为底色，Cu_1室斑稍宽。

分布：池州、黄山、宣城。

59. 宽边赭弄蝶 *Ochlodes ochracea* (Bremer, 1861)

雄蝶翅正面黑褐色，基部褐色，斑纹橙色，中室及前缘有橙色斑，R_3室至Cu_2室具1列斑，M_1室至Cu_2室斑外缘形成1条直线，其中M_2室斑较小，M_1室斑很小或消失，Cu_1脉基部至2A脉基半部有一黑色性标；后翅中室端半部、Cu_1室至Rs室基半部组成1块橙色斑。反面黄褐色，前翅中室下方及后缘具黑褐色区域，斑纹与正面近似。雌蝶与雄蝶相似，但前翅正面基部为底色，中室仅端部有1枚橙色斑。

分布：六安、安庆。

附录　安徽蝴蝶保护物种名录

1.《国家重点保护野生动物名录》收录种类

中华虎凤蝶 *Luehdorfia chinensis* (Leech, 1893),保护级别：Ⅱ级

2.《国家保护的有重要生态、科学、社会价值的陆生野生动物名录》收录种类

(1) 金裳凤蝶 *Troides aeacus* (Felder et Felder, 1860)
(2) 宽尾凤蝶 *Agehana elwesi* Leech, 1889
(3) 枯叶蛱蝶 *Kallima inachus* (Doyère, 1840)
(4) 冰清绢蝶 *Parnassius citrinarius* Motschulsky, 1866
(5) 箭环蝶 *Stichophthalma howqua* (Westwood, 1851)
(6) 大伞弄蝶 *Bibasis miraculata* Evans, 1949

3.《濒危野生动植物种国际贸易公约》(CITES)收录种类

金裳凤蝶 *Troides aeacus* (Felder et Felder, 1860),保护级别：Ⅱ级

参考文献

[1]《安徽植物志》协作组 . 安徽植物志:第一卷[M]. 合肥:安徽科学技术出版社,1985.

[2]《安徽植物志》协作组 . 安徽植物志:第二卷[M]. 合肥:安徽科学技术出版社,1987.

[3]《安徽植物志》协作组 . 安徽植物志:第三卷[M]. 合肥:安徽科学技术出版社,1990.

[4]《安徽植物志》协作组 . 安徽植物志:第四卷[M]. 合肥:安徽科学技术出版社,1991.

[5]《安徽植物志》协作组 . 安徽植物志:第五卷[M]. 合肥:安徽科学技术出版社,1992.

[6] 曹万友 . 黄山地区蝶类初步调查[J]. 华东昆虫学报,2001,10(1):20-22.

[7] 国栋,范骁凌,王敏 . 基于线粒体COI基因序列的挂墩稻弄蝶分类地位研究[J]. 华南农业大学学报,2010,31(2):43-46.

[8] 黄邦侃 . 福建昆虫志:第四卷[M]. 福州:福建科学技术出版社,2001.

[9] 黄灏 . 中国产锷弄蝶族系统学及分类学研究[D]. 上海:上海师范大学,2009.

[10] 李传隆,朱宝云 . 中国蝶类图谱[M]. 上海:上海远东出版社,1992.

[11] 李传隆 . 中国产“籼弄蝶属”种类的订正[J]. 动物学报,1966(2):12.

[12] 李传隆 . 中国特产种“*Davidina armandi* Oberthür”的校订[J].科学通报,1988(4):26.

[13] 孟绪武 . 安徽省昆虫名录[M]. 合肥:中国科学技术大学出版社,2003.

[14] 欧永跃,诸立新 . 安徽省蝶类资源和可持续利用[J]. 野生动物,2008,29(1):32-39.

[15] 欧永跃,诸立新 . 安徽省蝶类新记录[J]. 四川动物,2008(1):69-69.

[16] 童雪松,潜祖琪,王连生 . 浙江蝶类志[M]. 杭州:浙江科学技术出版社,1993.

[17] 王翠莲 . 皖南山区蝴蝶资源调查研究[J]. 安徽农业大学学报,2007,34(3):446-450.

[18] 王敏,范骁凌 . 中国灰蝶志[M]. 郑州:河南科学技术出版社,2002.

[19] 王松,李允东 . 皇甫山蝶类资源及区系的研究[J]. 生物学杂志,2001,18(1):24-26.

[20] 王松,李小二,鲍方印,等 . 皇甫山蝶类分布规律的研究[J]. 安徽技术师范学院

学报，2002，16(3):42-44.
[21] 王松，梅百茂，鲍方印，等．鹞落坪国家级自然保护区蝶类多样性[J]. 昆虫知识，2003，40(6):542-545.
[22] 王松，鲍成满，鲍方印，等．禅窟寺国家森林公园蝴蝶多样性[J]. 安徽技术师范学院学报，2004，18(1):15-18.
[23] 王松，鲍方印，梅百茂，等．安徽鹞落坪国家级自然保护区蝶类的垂直分布及其群落多样性[J]. 应用生态学报，2009，20(9):2262-2270.
[24] 王松，鲍方印，鲍成满，等．安徽韭山国家森林公园蝶类群落多样性[J]. 昆虫知识，2010，47(1):183-189.
[25] 王治国，李贻耀，牛瑶．中国蝴蝶新种记述(Ⅲ)(鳞翅目)[J]. 昆虫分类学报，2002，24(4):199-202.
[26] 王治国，李贻耀．湘南荫眼蝶雌性的记述[J]. 河南科学，2004，22(2):197-198.
[27] 王治国，牛瑶，朱棣华．河南昆虫志鳞翅目:蝶类[M]. 郑州:河南科学技术出版社，1998.
[28] 魏忠民，武春生．中国云粉蝶属分类研究(鳞翅目，粉蝶科)[J]. 动物分类学报，2005，30(4):815-821.
[29] 邬承先，李文杰．中国黄山蝶蛾[M]. 合肥:安徽科学技术出版社，1997.
[30] 吴刚，王松．蚌埠地区的蝶类多样性[J]. 宿州学院学报，2008，23(5):98，120-122.
[31] 武春生．中国动物志·昆虫纲·第二十五卷·鳞翅目凤蝶科[M]. 北京:科学出版社，2001.
[32] 武春生．中国动物志·昆虫纲·第二十五卷·鳞翅目粉蝶科[M]. 北京:科学出版社，2010.
[33] 邢济春，颜劲松，郑和权，等．琅琊山蝶类数量调查初报[J]. 滁州师专学报，2002，4(2):82-83.
[34] 邢济春，诸立新，戴仁怀．安徽马鞍山地区蝶类资源调查及区系分析[J]. 四川动物，2007，26(4):898-902.
[35] 薛国喜．中国弄蝶科分类与系统发育(鳞翅目:弄蝶总科)[D]. 西安:西北农林科技大学，2009.
[36] 杨邦和，吴孝兵，诸立新，等．基于COⅡ和EF-1α基因部分序列的中国蝶类科间系统发生关系[J]. 动物学报，2008(2):233-244.
[37] 虞磊，李蕤，陈尧，等．安徽省蝶类新记录[J]. 合肥联合大学学报，2001，11(2):83-85.
[38] 虞磊，李蕤，沈业寿，等．安徽省蝶类分布新记录[J]. 合肥学院学报：自然科学版，2006，16(2):41-43.
[39] 袁锋，袁向群，王宗庆．中国酣弄蝶属名录与一新种记述 (鳞翅目，弄蝶科)[J]. 动物分类学报，2007，32(2):308-311.

[40] 张巍巍,李元胜．中国昆虫生态大图鉴[M]. 重庆:重庆大学出版社,2011.
[41] 周尧．中国蝶类志[M]. 郑州:河南科学技术出版社,1994.
[42] 周尧．中国蝴蝶分类与鉴定[M]. 郑州:河南科学技术出版,1998.
[43] 周尧．中国蝴蝶原色图鉴[M]. 郑州:河南科学技术出版社,1999.
[44] 朱建青．中国刺胫弄蝶族分类研究[D]. 上海:上海师范大学,2012.
[45] 诸立新．琅琊山和黄山蝶类的比较研究[J]. 滁州师专学报,1999,1(2):43,44-47.
[46] 诸立新,陈陶晞,许雪峰,等．安徽蝶类二新记录种[J]. 四川动物,2000,19(2):69-69.
[47] 诸立新,欧永跃,许雪峰,等．安徽省蝶类新记录[J]. 野生动物,2000,21(1):47-47.
[48] 诸立新,朱太平．安徽天柱山蝴蝶资源[J]. 野生动物,2000,21(4):36-37.
[49] 诸立新．皖南山区蝶类资源和可持续利用[J]. 四川动物,2001,20(1):25-26.
[50] 诸立新,罗来高．安徽白际山蝶类资源[J]. 特种经济动植物,2001(1):13-16.
[51] 诸立新,华兴宏,欧永跃,等．安徽蝶类研究初报[J]. 安徽师范大学学报:自然科学版,2001,24(3):243-246.
[52] 诸立新,孙灏．安徽清凉峰自然保护区蝶类区系结构及垂直分布[J]. 南京农业大学学报,2002,25(2):115-118.
[53] 诸立新,颜劲松,郑和权,等．安徽琅琊山蝶类季节变化的研究[J]. 滁州师专学报,2003,5(4):95-97.
[54] 诸立新．安徽天堂寨国家级自然保护区蝶类名录[J]. 四川动物,2005,24(1):47-49.
[55] 诸立新,吴孝兵．琅琊山国家森林公园蝶类多样性[J]. 昆虫知识,2006,43(2):232-235,225.
[56] 诸立新,叶要清,杨邦和,等．安徽省蝶类新纪录[J]. 野生动物,2007,28(1):51-52.
[57] 诸立新,欧永跃,秦思,等．安徽省蝶类新纪录[J]. 滁州学院学报,2010,12(2):66-67.
[58] 福田晴男,美ノ谷憲久,高橋真弓．ホシミスジを考える:(2) 大陸産ホシミスジは 1 種ではない[J]. 蝶と蛾,1999,50(3):129-144.
[59] Bozano G C. Guide to the Butterflies of the Palearctic Region: Satyridae Part I: Subfamily Elymniinae, Tribe Lethini[M]. Milano: Omnes Artes, 1999.
[60] Bozano G C.Guide to the Butterflies of the Palearctic Region: Satyrinae Part Ⅲ: Tribe Satyrini[M]. Milano: Omnes Artes, 2002.
[61] Bozano G C.Guide to the Butterflies of the Palearctic Region: Nymphalidae Part Ⅲ:Subfamily Limenitidinae, Tribe Neptini[M]. Milano: Omnes Artes, 2008.
[62] Bozano G C & Zhu J Q. ワビカラスシジミ *Fixsenia wabi* の正体[J]. Butterflies, 2012(60):42-45.

[63] Chiba H, Tsukiyama H. A Review of the Genus Ochlodes Scudder, 1872, with Special Reference to the Eurasian Species (Lepidoptera:Hesperiidae) [J]. Butterflies, 1996(14):3-16.

[64] Cowan C F. The Nomenclature of Pithecops Corvus and Allied Species (Lepidoptera: Lycaenidae)[J]. The Annals & Magazine of Natural History, 1966, 13(8):421-425.

[65] Della Bruna C, Gallo E, Sbordoni V. Guide to the Butterflies of the Palearctic Region: Pieridae Part 1 [M]. Milano: Omnes Artes, 2004.

[66] Della Bruna C, Lucarelli M, Gallo E, et al. Guide to the Butterflies of the Palearctic Region: Satyridae Part 2 [M]. 2nd ed. Milano: Omnes Artes, 2002.

[67] D' Abrera B.Butterflies of the Holarctic Region, Part 3: Nymphalidae (concl.), Libytheidae, Riodinidae & Lycaenidae[M]. Melbourne: Hill House Publishers, 1993:335-524.

[68] Devyatkin A L, Monastyrskii A L. A Further Contribution to the Hesperiidae Fauna of North and Central Vietnam[J]. Atalanta,2002,33(1/2):137-155.

[69] Dubatolov V V, Lvovsky A L.What is True *Ypthima moîschulskyi* (Lepidoptera, Satyridae)[J]. Trans. Lepid. Soc. Japan, 1997, 48(4):191-198.

[70] Eitschberger U, Hou T Q.The Taxa of the *Pieris napi-bryoniae* Group (Sensu Lato) in China (Lepidoptera:Pieridae)[J]. Entomotaxonomia, 1993, 15(3):192-200.

[71] Eliot J N. An Analysis of the Eurasian and Australian Neptini (Lepidoptera: Nymphalidae)[J]. Bull. Brit. Mus. Nat. HiS. (Ent.), 1969(15):1-155.

[72] Evans W H. A Catalogue of the Hesperiidae from Europe, Asia and Australia in the British Museum (Natural History) [M]. London: Trustees of the British Museum, 1949: 1-458.

[73] Elwes H J, Edwards J.A Revision of the Oriental Hesperiidae[J]. Trans. zool. Soc. Lond., 1897, 14(4):18-27, 101-324.

[74] Espeland M, Hall J P W, DeVries P J, et al.Ancient Neotropical Origin and Recent Recolonisation: Phylogeny, Biogeography and Diversification of the Riodinidae (Lepidoptera: Papilionoidea) [J]. Molecular Phylogenetics and Evolution, 2015, 93: 296-306.

[75] Forster W. Beitrage zur Kenntnis der Ostasiatischen *Ypthima* - Arten[J]. Mitteilungen der Münchner Entomologischen Gesellschaft, 1948:472-492

[76] Fruhstorfer H. Revision der Artengruppe Pithecops auf Grund der Morphologie der Klammerorgane[J]. Arch Naturgesch, 1919, 83(1):77-84.

[77] Grieshuber J, Lamas G. A Synonymic List of the Genus *Colias* Fabricius, 1807 [J]. Mitteilungen der Münchner Entomologischen Gesellschaft, 2007,97:131-171.

[78] Huang H. Some New Butterflies from China - 2 (Lepidoptera: Hesperiidae) [J].

Atalanta, 2002,33(1/2):109–122, 226–229.

[79] Huang H, Xue Y P. Notes on Some Chinese Butterflies[J]. Neue Ent. Nachr., 2004, 57:14, 171–177.

[80] Huang H, Xue Y P. The Chinese *Pseudocoladenia* Skippers (Lepidoptera: Hesperiidae) [J]. Neue Ent. Nachr., 2004, 57:13, 161–170.

[81] Huang H, Chen Y C. A New Species of *Ahlbergia* from SE China[J]. Atalanta, 2005, 36(1/2):161–167.

[82] Huang H, Chen Z, Li M. *Ahlbergia confusa* spec. nov. from SE China. (Lepidoptera:Lycaenidae)[J]. Atalanta, 2006, 37(1/2):175–183.

[83] Huang H, Zhan C H. A New Species of *Ahlbergia* Bryk, 1946 from Guangdong, SE China[J]. Atalanta, 2006, 37(1/2):168–174.

[84] Huang H. Notes on the Genera *Caltoris* Swinhoe, 1893 and *Baoris* Moore, [1881] from China (Lepidoptera: Hesperiidae)[J]. Atalanta, 2011, 42 (1/2/3/4):201–220.

[85] Huang H, Zhu J Q, Li A M, et al. A Review of the *Deudorix Repercussa* (Leech, 1890) Group from China (Lycaenidae, Theclinae) [J]. Atalanta, 2016, 47(1/2): 179–195.

[86] Hsu Y F, Chen P C. *Celastrina sugitanii shirozui* Hsu[J]. Chinese J. Entomol, 1989, 9:81–85.

[87] Jiang W B, He H Y, Li Y D, et al. Taxonomic Status and Molecular Phylogeography of Two Sibling Species of Polytremis (Lepidoptera: Hesperiidae) [J]. Scientific reports, 2016(6).

[88] Kawahara A Y. Biology of the snout butterflies (Nymphalidae:Libytheinae) Part 1: Libythea Fabricius[J]. Trans. lepid. Soc. Japan, 2006, 57:13–33.

[89] Kobayashi S, Shizuya H, Harada M, et al. The Butterflies in Surrounding Area of Dujiangyan City, Sichuan, China: Part 2[J]. Butterflies,1994(7):45–53.

[90] Koiwaya S. Ten New Species and Twenty-four New Subspecies of Butterflies from China, with Notes on Systematic Positions of Five Taxa[J]. Studies of Chinese Butterflies, 1996(3):168–202.

[91] Koiwaya S. The Zephyrus Hairstreaks of the World[M]. Tokyo: Mushi-sha, 2007.

[92] Lang S Y. Taxonomic Notes on *Araschnia doris* Leech, 1892 (Lepidoptera, Nymphalidae) from China[J]. Far Eastern Entomologist, 2010, 204:1–5.

[93] Lang S Y. Study on the Tribe Chalingini Morishita, 1996(Lepidoptera, Nymphalidae, Limenitinae)[J]. Far Eastern Entomologist, 2010, 218:1–7.

[94] Lang S Y. Notes on Taxonomy and Distribution of the *Stichophthalma howqua* (Westwood, 1851)-Group(Lepidoptera, Nymphalidae)[J]. Atalanta, 2010, 41(3/4): 323–326.

[95] Lang S Y, Liu Z H, Xue G X, et al. Taxonomic Notes on the Genus *Polygonia*

Hübner, 1819 from China, with Description of a New Subspecies from Sichuan (Lepidoptera, Nymphalidae)[J]. Atalanta, 2010, 41(3/4):327–330.
[96] Lang S Y. The Nymphalidae of China (Lepidoptera, Rhopalocera). Part I:Libytheinae, Danainae, Calinaginae, Morphinae, Heliconiinae, Nymphalinae, Charaxinae, Apaturinae, Cyrestinae, Biblidinae, Limenitinae[M]. Vadim Tshikolovets, 2012.
[97] Lang S Y, Lamas G. What is *Lethe hyrania* (Kollar, 1844) (Lepidoptera, Nymphalidae, Satyrinae)? [J]. Zootaxa, 2016, 4072(3):396–400.
[98] Leech J H. Butterflies from China, Japan and Corea[M]. London: R. H. Porter, 1892–1894.
[99] Masui A, Tamai D. Comments on Recently Described *Hestina assimilis* Inexpecta from Shandong, China[J]. Gekkan-Mushi, 2013, 504:2–8.
[100] Mell R. Noch Unbeschriebene Lepidopteren aus Südchina (2)[J]. Dt. ent. Z., 1923(2):153–160.
[101] Nakatani T, Tera A. Davidina, a Mysterious Genus(Nymphalidae: Satyrinae)[J] Butterflies, 2012, 61:13–22.
[102] Omoto K. Buterfies of the Achillides-group(Papilio) of China[J] Yadoriga, 1975 (81):3–13.
[103] Page M P G, Treadaway C G. Speciation in *Graphium sarpedon* (Linnaeus) and allies (Lepidoptera: Rhopalocera: Papilionidae) [J]. Stuttgarter Beiträge zur Natkurkunde A, Neue Seri, 2013(6): 223–246.
[104] Racheli T, Cotton A M. Guide to the Butterflies of the Palearctic Region. Papilionidae part I:Subfamily Papilioninae, Tribe Leptocircini, Teinopalpini[M]. Milano: Omnes Artes, 2009.
[105] Sugiyama H. New Butterflies from Western China (2)[J]. Pallarge, 1994(3):1–12.
[106] Sugiyama H. New Taxa of Lycaenidae, Lepidoptera from China[J]. Pallarge,2004 (8):1–11.
[107] Tadokoro T, Shinkawa T, Wang M. Primary Study of Pieris Napi-group in East Asia (Part Ⅱ):Phylogenetic Analyses, Morphological Characteristics and Geographical Distribution[J]. Butterflies, 2014, 65:20–35.
[108] Uémura Y, Koiwaya S. New or Little Known Butterflies of the Genus *Ypthima* Hübner (Lepidoptera:Satyridae) from China, with some Synonymic Notes: Part I [J] Futao, 2000, 34:2–11.
[109] Uémura Y, Koiwaya S. Taxonomy on the Species of *multistriata* and *motschulskyi* of the Genus *Ypthima* Hübner (Lepidoptera:Satyridae) in China and Its Neighbouring Areas[J]. Bull. Hoshizaki Green Found, 2000(4):49–62.
[110] Uémura Y, Koiwaya S. New or Little Known Butterflies of the Genus *Ypthima*

Hübner (Lepidoptera:Satyridae) from China, with some Synonymic Notes: Part II [J]. Futao, 2001(36):2-11.

[111] Uémura Y, Monastyrskii A L. A Revisional Catalogue of the Genus *Ypthima* Hübner (Lepidoptera:Satyridae) from Vietnam[J]. Bull. Kitakyushu Mus. Nat. Hist. Hum. Hist. Ser. A, 2004(2):17-45.

[112] Ueda K, Koiwaya S. Examination of the Type Specimens of *Thecla caelestis* Leech, 1890 and *Zephyrus melli* Forster, 1940[J]. Bulletin of the Kitakyushu Museum of Natural History and Human History. Series A, Natural History, 2007,3(5):13-31.

[113] Vodolazhsky D I, Wiemers M, Stradomsky B V. A Comparative Analysis of Mitochondrial and Nuclear DNA Sequences in Blue Butterflies of the Subgenus Polyommatus (s. str.) Latreille, 1804 (Lepidoptera: Lycaenidae: Polyommatus) [J]. Kavkazskij Entomologiceskij Bjulleten, 2009, 5(1):115-120.

[114] Wang M, Chou I. A New Species of the Genus *Deudorix* Hewitson from China (Lepidoptera: Rhopalocera)[J]. Entomologia Sinica, 1997, 4(3):231-234.

[115] Weidenhoffer Z, Bozano G C, Churkin S. Guide to the Butterflies of the Palearctic Region. Lycaenidae Part Ⅱ:Subfamily Theclinae,Tribe Eumaeini [M]. Milano: Omnes Artes, 2004.

[116] Xue G X, Yuan F, Yuan X Q. Notes on *Halpe nephele* Leech,1893 and *Halpe dizangpusa* Huang, 2002 (Lepidoptera: Hesperiidae: Aeromachini) [J]. Far Eastern Entomologist, 2011, 224:1-6.

[117] Yokochi T. Revision of the Subgenus *Limbusa* Moore, [1897] (Lepidoptera, Nymphalidae,Adoliadini) Part 3 Description of Species 2[J].Bulletin of the Kitakyushu Museum of Natural History and Human History A Natural History, 2012:9-100.

[118] Yoshino K. New butterflies from China[J]. Neo lepidoptera, 1995(1): 1-4.

[119] Yoshino K. New Butterflies from China (3) [J]. Neo Lepidoptera, 1997(2):1-10.

[120] Yoshino K. New butterflies from China (4) [J]. Neo Lepidoptera, 1998(3):1-8.

[121] Yoshino K. Notes on some Remarkable Butterflies from South China[J]. Butterflies, 2002(32):18-23.

[122] Zhang Y L, Xue G X, Yuan F. Descriptions of the Female Genitalia of Three Species of *Caltoris* (Lepidoptera: Hesperiidae: Baorini) with a Key to the Species from China[J]. Proceedings of the Entomological Society of Washington, 2010, 112(4): 576-584.

HYPER PET™

CRITTER SKINZ

STUFFLESS DOG TOY WITH SQUEAKER

JOUET À SIFFLET POUR CHIENS

JUGUETE CON CHIFLE PARA PERROS

HYPER PET™

CRITTER SKINZ

STUFFLESS DOG TOY WITH SQUEAKER

JOUET À SIFFLET POUR CHIENS

JUGUETE CON CHIFLE PARA PERROS